QUALITY MANAGEMENT AND PRACTICE
OF THE SECOND NATIONAL CENSUS OF
POLLUTION SOURCES

第二次
全国污染源普查质量管理
工作与实践

生态环境部第二次全国污染源普查工作办公室·编

中国环境出版集团·北京

图书在版编目（CIP）数据

第二次全国污染源普查质量管理工作与实践/第二次全国污染源普查工作办公室编著. —北京：中国环境出版集团，2022.11

ISBN 978-7-5111-4986-2

Ⅰ. ①第… Ⅱ. ①第… Ⅲ. ①污染源调查－质量管理－中国 Ⅳ. ①X508.2

中国版本图书馆 CIP 数据核字（2021）第 259877 号

出 版 人　武德凯
责任编辑　殷玉婷
责任校对　任　丽
封面设计　王春声

出版发行　**中国环境出版集团**
　　　　　（100062　北京市东城区广渠门内大街 16 号）
　　　　　网　　　址：http://www.cesp.com.cn
　　　　　电子邮箱：bjgl@cesp.com.cn
　　　　　联系电话：010-67112765（编辑管理部）
　　　　　发行热线：010-67125803，010-67113405（传真）
印　　刷　北京中科印刷有限公司
经　　销　各地新华书店
版　　次　2022 年 11 月第 1 版
印　　次　2022 年 11 月第 1 次印刷
开　　本　880×1230　1/16
印　　张　10.25
字　　数　250 千字
定　　价　70.00 元

中国环境出版集团郑重承诺：
中国环境出版集团合作的印刷单位、材料单位均具有中国环境标志产品认证。

组织领导和工作机构

国务院第二次全国污染源普查领导小组人员名单

国发〔2016〕59号文，2016年10月20日

组　长

张高丽　国务院副总理

副组长

陈吉宁　环境保护部部长

宁吉喆　国家统计局局长

丁向阳　国务院副秘书长

成　员

郭卫民　国务院新闻办副主任

张　勇　国家发展改革委副主任

辛国斌　工业和信息化部副部长

黄　明　公安部副部长

刘　昆　财政部副部长

汪　民　国土资源部副部长

翟　青　环境保护部副部长

倪　虹　住房城乡建设部副部长

戴东昌　交通运输部副部长

陆桂华　水利部副部长

张桃林　农业部副部长

孙瑞标　税务总局副局长

刘玉亭　工商总局副局长

田世宏　质检总局党组成员、国家标准委主任

钱毅平　中央军委后勤保障部副部长

★领导小组办公室主任由环境保护部副部长翟青兼任

国务院第二次全国污染源普查
领导小组人员名单

国办函〔2018〕74 号文，2018 年 11 月 5 日

组　长

韩　正　国务院副总理

副组长

丁学东　国务院副秘书长
李干杰　生态环境部部长
宁吉喆　统计局局长

成　员

郭卫民　中央宣传部部务会议成员、新闻办副主任
张　勇　发展改革委副主任
辛国斌　工业和信息化部副部长
杜航伟　公安部副部长
刘　伟　财政部副部长
王春峰　自然资源部党组成员
赵英民　生态环境部副部长
倪　虹　住房城乡建设部副部长
戴东昌　交通运输部副部长
魏山忠　水利部副部长
张桃林　农业农村部副部长
孙瑞标　税务总局副局长
马正其　市场监管总局副局长
钱毅平　中央军委后勤保障部副部长

★领导小组办公室设在生态环境部，办公室主任由生态环境部
副部长赵英民兼任

序 言

掌握生态环境保护底数
助力打赢污染防治攻坚战

第二次全国污染源普查是中国特色社会主义进入新时代的一次重大国情调查，是在决胜全面建成小康社会关键阶段、坚决打赢打好污染防治攻坚战的大背景下实施的一项系统工程，是为全面摸清建设"美丽中国"生态环境底数、加快补齐生态环境短板采取的一项重大举措。在以习近平同志为核心的党中央坚强领导下，按照国务院和国务院第二次全国污染源普查领导小组的部署，各地区、各部门和各级普查机构深入贯彻习近平新时代中国特色社会主义思想和习近平生态文明思想，精心组织、奋力作为，广大普查人员无私奉献、辛勤付出，广大普查对象积极支持、大力配合，第二次全国污染源普查取得重大成果，达到了"治污先治本、治本先清源"的目的，为依法治污、科学治污、精准治污和制定决策规划提供了真实可靠的数据基础，集中反映了十年来中国经济社会健康稳步发展和生态环境保护不断深化优化的新成就，昭示着生态文明建设迈向高质量发展的新图景。

一、第二次全国污染源普查高质量完成

第二次全国污染源普查对象为中华人民共和国境内有污染源的单位和个体经营户，范围包括：工业污染源，农业污染源，生活污染源，集中式污染治理设施，移动源及其他产生、排放污染物的设施。普查标准时点为 2017 年 12 月 31 日，时期资料为 2017 年度。这次污染源普查历时 3 年时间，经过前期准备、全面调查和总结发布三个阶段，对全国 357.97 万个产业活动单位和个体经营户进行入户调查和产排污核算工作，摸清了全国各类污染源数量、结构和分布情况，掌握了各类污染物产生、排放和处理情况，建立了重点污染源档案和污染源信息数据库，高标准、高质量完成了既定的目标任务。这次污染源普查的主要特点有：

党中央、国务院高度重视，凝聚工作合力。张高丽、韩正副总理先后担任国务院第二次全国污染源普查领导小组组长，领导小组办公室设在生态环境部。按照"全国统一领导、部门分工协作、地方分级负责、各方共同参与"的原则，县以上各级政府和相关部门组建了普查机构。各级生态环境部门重视普查工作中党的建设，着力打造一支生态环境保护铁军，做到组织到位、人员到位、措施到位、经费到位，为普查顺利实施提供了有力保障。全国（不含港、澳、台）共成立普查机构9321个，投入普查经费90亿元，动员50万人参与，确保了普查顺利实施。

科学设计，普查方案执行有力。依据相关法律法规，加强顶层设计，制定《第二次全国污染源普查方案》，提高普查的科学性和规范性。坚持目标引领、问题导向，经过12个省（区、市）普查综合试点、10个省（区、市）普查专项试点检验，完善涵盖工业源41个行业大类的污染源产排污核算方法体系。采取"地毯式"全面清查和全面入户调查相结合的方式，了解掌握"污染源在哪里、排什么、如何排和排多少"四个关键问题，全面摸清生态环境底数。31个省（区、市）和新疆生产建设兵团以"钉钉子"精神推进污染源普查工作"全国一盘棋"。

运用现代信息技术，推动实践创新。积极推进政务信息大数据共享应用，有效减轻调查对象负担和普查成本。共有17个部门作为国务院第二次全国污染源普查领导小组成员单位和联络员单位参与普查，累计提供行政记录和业务资料近1亿条，通过比对、合并形成普查清查底册和污染源基本单位名录。首次运用全国环保云资源，建立完善联网直报系统。全面采用电子化手段进行普查小区划分和空间信息采集，使用手持移动终端（PDA）采集和传输数据，提高普查效率。

聚焦数据质量，强化全过程控制。严格"真实、准确、全面"要求，建立细化的数据质量标准，完善数据质量溯源机制，严格普查质量管理和工作纪律。组建普查专家咨询和技术支持团队，开展分类指导和专项督办，引入4692个第三方机构参与普查工作，发挥公众监督作用，推动普查公正透明。国务院第二次全国污染源普查领导小组办公室先后对普查各个阶段组织开展工作督导，对全国31个省（区、市）和新疆生产建设兵团普查调研指导全覆盖、质量核查全覆盖，确保普查数据质量。

广泛开展宣传培训，营造良好社会氛围。加强普查新闻宣传矩阵平台建设，采取通俗易懂、喜闻乐见的形式，推进普查宣传进基层、进乡镇、进社区、进企业，推广工作中的好经验好方法，营造全社会关注、支持和参与普查的舆论氛围。创新培训方式，统一培训与分级培训相结合，现场培训与网络远程培训相结合，理论传授与案例讲解相结合，由国家负责省级和试点地区、省级负责地市和区县，全方位提高各级普查人员工作能力和技术水平。专题为新疆、西藏等西部地区培训普查业务骨干，深化对口援疆、援藏、援青工作。总的看，第二次全国污染源普查为生态环境保护做了一次高质量"体检"，获得了极其宝贵的海量数据，为加强生态文明建设、推动经济社会高质量发展、推进生态环境领域国家治理体系和治理能力现代化提供了丰富详实的数据支撑。

二、十年来我国生态环境保护取得重大成就

对比第二次全国污染源普查与第一次全国污染源普查结果，可以发现，十年来特别是党的十八大以来，我国在经济规模、结构调整、产业升级、创新动力、区域协调、环境治理等方面呈现诸多积极变化，高质量发展迈出了稳健步伐，生态文明建设取得积极成效，生态环境质量显著改善。

十年来，我国经济社会发展状况以及生态环境保护领域重大改革措施取得重大成果。 从十年间两次普查的变化来看：2017 年，化学需氧量、二氧化硫、氮氧化物等污染物排放量较 2007 年分别下降 46%、72%、34%。工业企业废水处理、脱硫和除尘等设施数量，分别是 2007 年的 2.35 倍、3.27 倍和 5.02 倍。城镇污水处理厂数量增加 5.4 倍，设计处理能力增加 1.7 倍，实际污水处理量增加 3 倍；城镇生活污水化学需氧量去除率由 2007 年的 28% 提高至 2017 年的 67%。生活垃圾处置厂数量增加 86%，其中垃圾焚烧厂数量增加 303%，焚烧处理量增加 577%，焚烧处理量比例由 8% 提高到 27%。危险废物集中利用处置厂数量增加 8.22 倍，设计处理能力增加 4279 万吨／年，提高 10.4 倍，集中处置利用量增加 1467 万吨，提高 12.5 倍。这些变化充分体现了生态文明建设战略实施的成就。

十年来，我国经济结构优化升级、协调发展取得新进展。 我国正处在转变发展方式、优化经济结构、转换增长动能的攻关期。两次普查数据相比，十年间，工业结构持续改善，制造业转型升级表现突出。工业源普查对象涵盖国民经济行业分类 41 个工业大类行业产业活动单位，数量由 157.55 万个增加到 247.74 万个，增加 90.19 万个，增幅达 57.24%。重点行业生产规模集中，造纸制浆、皮革鞣制、铜铅锌冶炼、炼铁炼钢、水泥制造、炼焦行业的普查对象数量分别减少 24%、36%、51%、50%、37% 和 62%，产品产量分别增加 61%、7%、89%、50%、71% 和 30%。农业源普查对象中，畜禽规模程度明显提高，养殖结构得到优化，生猪规模养殖场（500 头及以上）养殖量占比由 22% 上升为 41%。同时，生猪规模养殖场采用干清粪方式养殖量占比从 55% 提高到 81%。这些深刻反映了我国经济结构的重大变化，表明重点行业产业集中度提高，产业优化升级、淘汰落后产能、严格环境准入等结构调整政策取得积极成效。重点行

业产业结构调整既获得了规模效益和经济效益，同时取得了好的环境成效。

十年来，我国工业企业节能减排成效显著。两次普查相比，在工业源方面，废气、废水污染治理快速发展，治理水平大幅提升。2017 年废水治理设施套数比 2007 年提高了 135.47%，废水治理能力提高了 26.88%。脱硫设施数和除尘设施数分别提高了 226.88%、401.72%。十年间，总量控制重点关注行业排放量占比明显下降，化学需氧量、氨氮、二氧化硫、氮氧化物等四项主要污染物排放量分别下降 83.89%、77.56%、75.05%、45.65%。电力、热力生产和供应业二氧化硫、氮氧化物，造纸和纸制品业化学需氧量分别下降 86.54%、76.93%、84.44%。铜铅锌冶炼行业二氧化硫减少 78%。炼铁炼钢行业二氧化硫减少 54%。水泥制造行业氮氧化物减少 23%。表明全国各领域生态环境基础设施建设的均等化水平提升，污染治理能力大幅提高，污染治理效果显著。

另外，普查结果也显示当前生态环境保护工作仍然存在薄弱环节，全国污染物排放量总体处于较高水平。第二次全国污染源普查数据为下一步精准施策、科学治污奠定了坚实基础。

三、贯彻落实新发展理念　推动生态环境质量持续改善

习近平总书记强调，小康全面不全面，生态环境很关键。普查结果显示，在党中央、国务院的坚强领导下，经济高质量发展和生态环境高水平保护协同推动，依法治污、科学治污、精准治污方向不变、力度不减，扎实推进蓝天、碧水、净土保卫战，污染防治攻坚战取得关键进展，生态环境质量持续明显改善。从普查数据中也发现，当前污染防治攻坚战面临的困难、问题和挑战还很大，形势仍然严峻，不容乐观。我们既要看到发展的有利条件，也要清醒认识到内外挑战相互交织、生态文明建设"三期叠加"影响持续深化、经济下行压力加大的复杂形势。要以习近平新时代中国特色社会主义思想为指导，紧紧围绕统筹推进"五位一体"总体布局和协调推进"四个全面"战略布局，紧密围绕污染防治攻坚战阶段性目标任务，持续改善生态环境质量，构建生态环境治理体系，为推动生态环境根本好转、建设生态文明和美丽中国、开启全面建设社会主义现代化国家新征程奠定坚实基础。

深入贯彻落实新发展理念。深入贯彻落实习近平生态文明思想，增强各方面践行新发展理念的思想自觉、政治自觉、行动自觉。充分发挥生态环境保护的引导、优化和促进作用，支持服务重大国家战略实施。落实生态环境监管服务、推动经济高质量发展、支持服务民营企业绿色发展各项举措，继续推进"放管服"改革，主动加强环境治理服务，推动环保产业发展。

坚定不移推进污染治理。用好第二次全国污染源普查成果，推进数据开放共享，以改善生态环境质量为核心，制定国民经济和社会发展"十四五"规划和重大发展战略。全面完成《打赢蓝天保卫战三年行动计划》目标任务，狠抓重点区域秋冬季大气污染综合治理攻坚，积极稳妥推进北方地区清洁取暖，持续整治"散乱污"企业，深入推进柴油货车污染治理，继续实施重污染天气应急减排按企业环保绩效分级管控。深入实施《水污染防治行动计划》，巩固饮用水水源地环境整治成效，持续开展城市黑臭水体整治，加强入海入河排污口治理，推进农村环境综合整治。全面实施《土壤污染防治行动计划》，推进农用地污染综合整治，强化建设用地土壤污染风险管控和修复，组织开展危险废物专项排查整治，深入推进"无废城市"建设试点，基本实现固体废物零进口。

加强生态系统保护和修复。协调推进生态保护红线评估优化和勘界定标。对各地排查违法违规挤占生态空间、破坏自然遗迹等行为情况进行检查。持续开展"绿盾"自然保护地强化监督。全力推动《生物多样性公约》第十五次缔约方大会圆满成功。开展国家生态文明建设示范市县和"绿水青山就是金山银山"实践创新基地评选工作。

着力构建生态环境治理体系。推动落实关于构建现代环境治理体系的指导意见、中央和国家机关有关部门生态环境保护责任清单。基本建立生态环境保护综合行政执法体制。构建以排污许可制为核心的固定污染源监管制度体系。健全生态环境监测和评价制度、生态环境损害赔偿制度。夯实生态环境科技支撑。强化生态环境保护宣传引导。加强国际交流和履约能力建设。妥善应对突发环境事件。

加强生态环境保护督察帮扶指导。持续开展中央生态环境保护督察。持续开展蓝天保卫战重点区域强化监督定点帮扶，聚焦污染防治攻坚战其他重点领域，开展统筹强化监督工作。精准分析影响生态环境质量的突出问题，分流域区域、分行业企业对症下药，实施精细化管理。充分发挥国家生态环境科技成果转化综合平台作用，切实提高环境治理措施的系统性、针对性、有效性。坚持依法行政、依法推进，规范自由裁量权，严格禁止"一刀切"，避免处置措施简单粗暴。

充分发挥党建引领作用。牢固树立"抓好党建是本职、不抓党建是失职、抓不好党建是渎职"的管党治党意识，始终把党的政治建设摆在首位，巩固深化"不忘初心、牢记使命"主题教育成果，着力解决形式主义突出问题，严格落实中央八项规定及其实施细则精神，进一步发挥巡视利剑作用，一体推进不敢腐、不能腐、不想腐，营造风清气正的政治生态，加快打造生态环境保护铁军。

编制说明

数据质量是污染源普查的生命线。为确保第二次全国污染源普查（以下简称普查）数据真实、准确、全面，经得起实践和历史检验，生态环境部第二次全国污染源普查工作办公室通过不断地摸索与实践，将质量管理贯穿在了普查工作的全过程，持续推进了普查数据质量提升。本书归纳总结了国家层面上在前期准备、清查、数据采集、数据核算、数据汇总等阶段进行质量管理的思路和方法，介绍了部分省份污染源普查质量管理的实践与经验，以期为后续同类普查质量管理工作提供参考和借鉴。

本书由谢明辉、李雪迎等著，李雪迎统稿，由谢明辉负责审核。全书各章节编写人员为

第1部分：第1章普查质量管理概述由王艺博、郭玉文执笔。

第2部分：第2章前期准备阶段质量管理由智静执笔；第3章清查阶段质量管理由李雪迎执笔；第4章全面普查阶段质量管理由李曼、王鑫、赵银慧执笔。

第3部分：第5章典型案例介绍（河北省）由马建勇、孙硕、周静博、李志伟执笔；第6章典型案例介绍（上海市）由王勤、李锦菊执笔；第7章典型案例介绍（山东省）由刘宪勇、王琳琳执笔；第8章典型案例介绍（河南省）由王洪珍、张成帅执笔；第9章典型案例介绍（重庆市）由白杨、程平执笔；第10章典型案例介绍（云南省）由易玉敏、邓莎、李晓芬、林军执笔；第11章典型案例介绍（陕西省）由邓宴郦、薛旭东、杨晨曦、江川、杨兴发执笔。

第4部分：第12章由谢明辉执笔。

值此书籍付梓之际，向参加本项工作的所有单位和个人表示衷心的感谢。

目 录

第 1 部分

普查整体情况

1　普查质量管理概述

1.1　污染源普查工作概述

污染源普查是依据《全国污染源普查条例》开展的重大国情调查，十年进行一次。2007 年年底至 2010 年 2 月国务院组织实施了第一次全国污染源普查，为制定"国民经济和社会发展第十二个五年计划""国民经济和社会发展第十三个五年规划"，以及以总量控制为核心的环境管理提供了基础支撑。根据党中央、国务院部署，2016 年 10 月国务院发布《国务院关于开展第二次全国污染源普查的通知》（以下简称《通知》），决定于 2017 年开展第二次全国污染源普查（以下简称普查），并成立国务院第二次全国污染源普查领导小组及其办公室，要求 2017—2019 年基本完成普查任务。第二次全国污染源普查以摸清各类污染源基本情况，了解污染源数量、结构和分布情况，掌握国家、区域、流域、行业污染物产生、排放和处理情况，建立健全重点污染源档案、污染源信息数据和环境统计平台为目的，其意义在于加强污染源监管、改善环境质量、防控环境风险，以及为服务环境与发展综合决策提供依据。

普查共分为三个阶段：2016 年第四季度至 2017 年年底为普查前期准备阶段，重点做好普查方案编制、普查工作试点及宣传培训等工作；2018 年为全面普查阶段，各地组织开展普查，通过逐级审核汇总形成普查数据库，年底完成普查工作；2019 年为总结发布阶段，重点做好普查工作验收、数据汇总和结果发布等工作。

在全国范围内开展污染源普查，涉及范围广、参与部门多、普查任务重、技术要求高、工作难度大。各地区、各部门依照《通知》要求，遵照"全国统一领导、部门分工协作、地方分级负责、各方共同参与"的原则组织实施普查。同时，按照信息共享和厉行节约的要求，充分利用有关部门现有统计、监测和各专项调查等相关资料，借鉴和采纳国家有关经济普查、农业普查等成果。普查充分利用报刊、广播、电视、网络等各种媒体，广泛深入地宣传第二次全国污染源普查的重要意义和有关要求，为普查工作的顺利实施营造良好的社会氛围。对普查工作中遇到的各种困难和问题，及时采取措施，切实予以解决。军队、武装警察部队的污染源普查工作由中央军委后勤保障部按国家统一规定和要求组织实施。新疆生产建设兵团的污染源普查工作由新疆生产建设兵团按照国家统一规定和要求组织实施。普查工作经费，按照分级保障原则，由同级财政予以保障。中央财政负担部分，由相关部门按要求列入部门预算。地方财政负担部分，由同级地方财政根据工作需要统筹安排。此外，任何地方、部门、单位和个人都不得迟报、虚报、瞒报和拒报普查数据，不得伪造、篡改普查资料。各级普查机构及其工作人员，对普查对象的技术和商业秘密，必须履行保密义务。

为指导普查工作科学有序地开展，根据《全国污染源普查条例》和《通知》精神，2017 年 9 月 10 日国务院印发《第二次全国污染源普查方案》（以下简称《方案》），明确"普查对象为中华人民共和国境内有污染源的单位和个体经营户。范围包括工业污染源、农业污染源、生活污染源、集中式污染治理设施、移动源及其他产生、排放污染物的设施"。同时，《方案》还确定了普查范围内各分类所包括的具体对象及具体普查内容。工业污染源普查对象为产生废水污染物、废气污染物及固体废物的所有工业行业产业活动单位。对可能伴生天然放射性核素的 8 类重点行业 15 个类别矿产采选、冶炼和加工产业活动单位进行放射性污染源调查。主要普查内容为企业基本情况，原辅材料消耗、产品生产情况，产生污染的设施情况，各类污染物产生、治理、排放和综合利用情况（包括排放口信息、排放方式、排放去向等），各类污染防治设施建设、运行情况等；废水污染物中的化学需氧量、氨氮、总氮、总磷、石油类、挥发酚、氰化物、汞、镉、铅、铬、砷；废气污染物中的二氧化硫、氮氧化物、颗粒物、挥发性有机物、氨、汞、镉、铅、铬、砷；工业固体废物中的一般工业固体废物和危险废物的产生、贮存、处置和综合利用情况。危险废物按照《国家危险废物名录》分类调查。工业企业建设和使用的一般工业固体废物及危险废物贮存、处置设施（场所）情况；稀土等 15 类矿产采选、冶炼和加工过程中产生的放射性污染物情况。农业污染源普查范围包括种植业、畜禽养殖业和水产养殖业。主要普查内容为种植业、畜禽养殖业、水产养殖业生产活动情况，秸秆产生、处置和资源化利用情况，化肥、农药和地膜使用情况，纳入登记调查的畜禽养殖企业和养殖户的基本情况、污染治理情况和粪污资源化利用情况；废水污染物中的氨氮、总氮、总磷、畜禽养殖业和水产养殖业增加化学需氧量；废气污染物中的畜禽养殖业氨、种植业氨和挥发性有机物。生活污染源普查对象为除工业企业生产使用以外所有单位和居民生活使用的锅炉（以下统称生活源锅炉），城市市区、县城、镇区的市政入河（海）排污口，以及城乡居民能源使用情况，生活污水产生、排放情况。普查内容主要有生活源锅炉基本情况、能源消耗情况、污染治理情况，城乡居民能源使用情况，城市市区、县城、镇区的市政入河（海）排污口情况，城乡居民用水排水情况；废水污染物中的化学需氧量、氨氮、总氮、总磷、五日生化需氧量、动植物油；废气污染物中的二氧化硫、氮氧化物、颗粒物、挥发性有机物。集中式污染治理设施普查对象为集中处理处置生活垃圾、危险废物和污水的单位。其中，生活垃圾集中处理处置单位包括生活垃圾填埋场、生活垃圾焚烧厂以及以其他处理方式处理生活垃圾和餐厨垃圾的单位；危险废物集中处理处置单位包括危险废物处置厂和医疗废物处理（处置）厂。危险废物处置厂包括危险废物综合处理（处置）厂、危险废物焚烧厂、危险废物安全填埋场和危险废物综合利用厂等；医疗废物处理（处置）厂包括医疗废物焚烧厂、医疗废物高温蒸煮厂、医疗废物化学消毒厂、医疗废物微波消毒厂等。集中式污水处理单位包括城镇污水处理厂、工业污水集中处理厂和农村集中式污水处理设施。主要普查内容为单位基本情况，设施处理能力、污水或废物处理情况，次生污染物的产生、治理与排放情况。废水污染物中的化学需氧量、氨氮、总氮、总磷、五日生化需氧量、动植物油、挥发酚、氰化物、汞、镉、铅、铬、砷；废气污染物中的二氧化硫、氮氧化物、颗粒物、汞、镉、铅、铬、砷；污水处理设施产生的污泥、焚烧设施产生的焚烧残渣和飞灰等产生、贮存、处置情况。移动源的普查对象为机动车和非道路移动污染源。其中，非道路移动污染源包括飞机、船舶、铁路内燃机车和工程机械、农业机械等非道路移动机械。移动源普查内容主要为摸清各类移动源保有量及产排污相关信息，挥发性有机物（船舶除外）、氮氧化物、颗粒物排放情况，部分类型移动源二氧化硫排放情况。

　　为顺利完成第二次全国污染源普查工作，《方案》还给出了详细的普查技术路线。工业污染源普查技术路线为全面入户登记调查单位基本信息、活动水平信息、污染治理设施和排放口信息；基于实测和综合分析，分行业分类制定污染物排放核算方法，核算污染物产生量和排放量。根据伴生放射性矿初测基本单位名录和初测结果，确定伴生放射性矿普查对象，全面入户调查。工业园区（产业园区）管理机构填报园区调查信息。工业园区（产业园区）内的工业企业填报工业污染源普查表。农业污染源以已有统计数据为基础，确定抽样调查对象、开展抽样调查、获取普查年度农业生产活动基础数据，根据产排污系数核算污染物产生量和排放量。生活污染源普查技术路线为登记调查生活源锅炉基本情况和能源消耗情况、污染治理情况等，根据产排污系数核算污染物产生量和排放量。抽样调查城乡居民能源使用情况，结合产排污系数核算废气污染物产生量和排放量。通过典型区域调查和综合分析，获取与挥发性有机物排放相关活动水平信息，结合物料衡算或产排污系数估算生活污染源挥发性有机物产生量和排放量。利用行政管理记录，结合实地排查，获取市政入河（海）排污口基本信息。对各类市政入河（海）排污口排水（雨季、旱季）水质开展监测，获取污染物排放信息。结合排放去向、市政入河（海）排污口调查与监测、城镇污水与雨水收集排放情况、城镇污水处理厂污水处理量及排放量，利用排水水质数据，核算城镇水污染物排放量。利用已有统计数据及抽样调查获取农村居民生活用水排水基本信息，根据产排污系数核算农村生活污水及污染物产生量和排放量。集中式污染治理设施的普查技术路线是根据调查对象基本信息、废物处理处置情况、污染物排放监测数据和产排污系数，核算污染物产生量和排放量。移动源的普查技术路线是利用相关部门提供的数据信息，结合典型地区抽样调查，获取移动源保有量、燃油消耗及活动水平信息，结合分区分类排污系数核算移动源污染物排放量。其中，机动车通过机动车登记相关数据和交通流量数据，结合典型城市、典型路段抽样观测调查和燃油销售数据，更新完善机动车排污系数，核算机动车废气污染物排放量。非道路移动源通过相关部门间信息共享，获取保有量、燃油消耗及相关活动水平数据，根据排污系数核算污染物排放量。

《方案》明确中央财政安排经费主要用于研究制定全国污染源普查方案，编制污染源普查涉及的监测、调查、质量管理等相关规范；开展普查表格设计、软件及信息系统开发建设，宣传、培训与指导，普查试点，普查质量核查与评估，全国数据汇总、加工，建档、检查验收、总结等。地方财政安排经费主要用于各地污染源普查实施总体方案制定，组织动员、宣传、培训，入户调查与现场监测，普查人员经费补助，办公场所及运行经费保障，普查质量核查和评估，购置数据采集及其他设备，普查表印制、普查资料建档，数据录入、校核、加工，检查验收、总结、表彰等，以及对开展普查试点工作的地区和贫困县予以补助。各级污染源普查领导小组办公室根据《方案》确定年度工作计划，领导小组成员单位据此编制年度经费预算，经同级财政部门审核后，分别列入各相关部门的部门预算，分年度按时拨付。

普查按照"全国统一领导、部门分工协作、地方分级负责、各方共同参与"的原则，精心组织、严控质量，扎实推进污染源普查各项工作。广大普查人员辛勤工作，克服时间紧、任务重、难度大、要求高等困难，先后开展了普查前期准备、清查建库、普查试点、入户调查、数据质量核查、数据审核汇总、普查成果分析及验收总结等各项工作，顺利完成了既定的目标任务，取得了丰硕成果。2020 年6 月 10 日，国务院新闻办举行发布会，正式发布了《第二次全国污染源普查公报》。发布会上，生态环境部、国家统计局、农业农村部有关负责人介绍了《第二次全国污染源普查公报》有关情况，并回答记者提问。

1.2　污染源普查质量管理

1.2.1　污染源普查质量管理原则

污染源普查涉及类型行业广、覆盖范围大、调查数据多、技术含量高、质量要求严、工作任务重，质量是保证普查成果的生命线。通过总结普查质量管理相关工作经验，形成了污染源普查质量管理六项原则。

（1）统一部署，分级管控原则

全国污染源普查领导小组办公室统一组织普查质量审核工作，核查结果作为评估全国或者各省级行政区污染源数据质量的重要依据。各省级普查领导小组办公室负责组织对辖区各地级行政区普查进行质量核查，各地级普查领导小组办公室负责组织对各县级行政区普查进行质量核查。核查结果未达到评估标准或评估结果为"差"的，要按整改要求期限进行整改；逾期未完成整改任务的，将视情况予以通报、约谈和专项督查。为确保普查数据的一致性、真实性和有效性，核查较差的，上一级污染源普查领导小组办公室可以要求下一级污染源普查领导小组办公室重新调查。

（2）专岗保障原则

地方各级普查机构均应当按照《方案》，建立污染源普查数据质量控制岗位责任制，明确一名质量负责人，对普查的每个环节实施质量管理和检查。质量负责人应熟悉各个环节的工作及其质量要求和质量管理措施，负责收集、整理、分析各个阶段工作质量指标的数据，及时向同级普查机构反映情况和存在的问题，提出保证普查质量的建议和措施。

（3）多形式、全过程管理原则

各级普查机构应通过检查、抽查、核查等多种方式，及时发现普查各个阶段（主要包括前期准备、普查员和普查指导员选聘及管理、清查、入户调查与数据采集、数据汇总等环节）工作存在的问题并提出改进措施，防止出现大范围的系统性误差。在清查和入户调查阶段，应至少选择一个区域，派人深入基层，检查普查指导和普查员工作情况，及时发现并纠正问题。

（4）全覆盖原则

质量管理要覆盖到所有的普查对象。范围包括工业污染源、农业污染源、生活污染源、集中式污染治理设施、移动源及其他产生、排放污染物的设施。

（5）数据溯源原则

数据产生、记录、汇总、核查等各个主要环节都要建立健全工作记录；所有材料均须相关负责人现场审核并做好工作记录；工作交接必须做好交接记录并签字或盖章，明确数据质量责任。

（6）依法管理原则

依据《中华人民共和国统计法》《中华人民共和国统计法实施条例》及《全国污染源普查条例》的

有关规定进行质量管理。

1.2.2　污染源普查质量管理体系

"真实、准确、全面"是污染源普查的核心，健全的普查质量管理体系是保障数据质量的关键，主要由以下几个部分组成。

（1）机构建立

为加强组织领导，国务院决定成立第二次全国污染源普查领导小组（以下简称领导小组）。领导小组负责领导和协调普查工作。领导小组办公室设立在环境保护部（现生态环境部），负责普查的日常工作。领导小组成员单位按照各自职责协调落实相关工作。县级以上地方人民政府成立相应的污染源普查领导小组及办公室，按照领导小组的统一规定和要求，做好本行政区域内的污染源普查工作，对普查工作中遇到的各种困难和问题，要及时采取措施，切实予以解决。乡（镇）人民政府、街道办事处和村（居）民委员会应当积极参与并认真做好本区域普查工作。据统计，各地人民政府共成立普查机构 9 317 个，建立了省级、地级、县级、乡级各级联动机制，保障普查工作顺利开展。

各级普查领导小组办公室（工作办公室）对辖区内普查数据审核、汇总负主体责任；对登记、录入的普查资料与普查对象填报的普查资料的一致性，以及加工、整理的普查资料的准确性负主体责任。各级普查领导小组成员单位根据分工职责对其提供的普查资料的真实性负主体责任。各级普查领导小组对普查质量管理负领导和监督责任。

（2）人员管理

国家机关、社会团体以及与污染源普查有关的单位和个人，应当依照《中华人民共和国统计法》《全国污染源普查条例》等有关法律、法规及《通知》精神，积极参与、配合污染源普查工作。各级普查机构工作人员、参与普查工作的第三方机构人员、普查员和普查指导员均要做到守土有责、守土负责、守土尽责。

各级普查机构建立普查质量管理岗位责任制，明确一名质量负责人，对普查的每个环节实施质量管理和检查。质量管理人员要熟悉各相关环节的工作及其质量要求和质量管理措施，负责收集、整理、分析各阶段工作质量指标的数据，及时向同级普查机构反映情况和存在的问题，提出保证普查质量的建议和措施。国务院第二次全国污染源普查领导小组办公室通过现场调研、调度、督办等各种措施督促其按时完成各阶段普查任务。

普查对象对提供的有关资料以及填报的普查表的真实性、准确性和完整性负主体责任。为充分调动其积极性、主动性，第二次全国污染源普查工作办公室向普查对象发放了《致第二次全国污染源普查对象的一封信》，其中详细介绍了污染源普查的目的、意义以及普查对象配合普查的义务，并强调普查员执行普查任务时会佩戴证件，请他们消除疑虑，积极配合。

普查员对普查对象数据来源以及普查表信息的完整性和合理性负初步审核责任；普查指导员对普查员提交的普查表及入户调查信息负审核责任。为加强"两员"（普查员和普查指导员）的管理，制定了《关于第二次全国污染源普查普查员和普查指导员选聘及管理工作的指导意见》（国污普〔2017〕10 号），明确了"两员"的职责和权力、选聘的基本条件、数量、选聘程序等。并建议各级普查机构根据工作情况建立"两员"管理规章制度,加强工作纪律。"两员"必须遵守保密和廉政规定,妥善保管普查有关文件和资料,执行普查工作时不得少于两人,应出示普查员证或普查指导员证;印发了《致普查员和普查指导员的一封信》,其中再次强调了"两员"的职责和要求。

地方各级普查机构对其委托的第三方机构负监督责任,并对第三方机构承担的普查工作质量负主体责任。第三方机构对其承担的普查工作依据合同约定承担相应责任。对参与普查工作的第三方机构人员,通过合同对其进行约束,要求地方普查机构对其工作跟踪,及时掌握实施进度,督促其严格履行合同,按时完成任务。

(3)建立普查数据质量溯源制度

数据产生、记录、汇总、核查等各主要环节都要有记录可查。清查过程中,各级普查机构对未列入上一级普查机构下发的清查基本单位名录册(库)的单位,以及清查基本单位名录册(库)中未列入普查单位基本名录的单位,由负责清查的工作人员填写说明,并由质量负责人签字。

普查表填报过程中,普查对象负责人要对填报的普查表信息进行签字确认;普查员要对经普查对象负责人确认的普查表进行现场审核并签字;普查指导员要对普查员提交的普查表进行审核并签字。普查表审核过程中发现问题的,要按照有关技术规范进行整改并保留记录,相关人员需再次签字确认。普查对象与普查员、普查员与普查指导员、普查指导员与普查机构之间普查表的交接要做好交接记录。

数据汇总与审核,以及质量核查都要保留相关的工作记录并签字或盖章。

清查、入户调查、数据汇总与审核过程中需要填写数字的,一律用阿拉伯数字表示。填写代码时,每个方格中只填一位代码数字。

(4)建立档案制度

污染源普查档案管理工作由国务院领导小组办公室统一领导,分级管理。为规范污染源普查档案管理,确保档案完整、准确、系统、安全和有效利用,印发了《污染源普查档案管理办法》,要求各级普查机构建立健全档案管理工作制度,指派专人负责,并提出了归档时限、要求及方法等。

(5)印发技术指南

为保障普查工作顺利进行,各阶段工作均印发相关的技术指南或技术规定,包括项目预算编制指南、清查技术规定、试点工作方案、伴生矿监测技术规定、普查技术规定等一系列文件,指导做好普查工作。

(6)开展质量核查

各级普查机构均按照《关于做好第二次全国污染源普查质量核查的通知》(国污普〔2018〕8号)中质量核查技术要点和评估标准,采取抽样的方法开展分阶段质量核查,编制数据质量评估报告。对各项核查指标均达到评估标准的,予以通报表扬;未达到评估标准或评估结果为"差"的,要按要求限期整改;逾期未完成整改任务的,视情况予以通报、约谈和专项督查。将各阶段的质量核查结果作为评估各地普查质量和总结表彰的重要依据。

（7）开展数据审核

对数据的完整性、规范性、一致性、合理性、准确性进行审核，普查员要进行现场人工审核。普查指导员对普查员采集的数据审核，各级普查机构随机抽样选取一定数量的普查对象开展数据现场复核，并要对辖区内的汇总数据进行集中审核，数据审核通过后逐级上报。

（8）严惩普查违法违规行为

任何地方、部门、单位和个人均不得提供不真实、不完整普查资料，不得虚报、瞒报、拒报、迟报普查资料，不得伪造、篡改普查资料。对普查对象提供不真实、不完整普查资料，拒报、迟报普查资料，推诿、拒绝或者阻挠普查，以及转移、隐匿、篡改、毁弃与污染物产生和排放有关原始资料的，普查工作人员不执行普查方案；对伪造、篡改普查资料，授意普查对象提供虚假普查资料的，任何地方、部门、单位的负责人擅自修改普查资料，强令、授意他人伪造或者篡改普查资料，以及对拒绝伪造、篡改普查资料的有关人员进行打击、报复的，依据《中华人民共和国统计法》《中华人民共和国统计法实施条例》以及《全国污染源普查条例》有关规定进行处理；构成犯罪的，依法追究刑事责任。各级普查机构及工作人员，对普查对象的技术和商业秘密，必须履行保密义务。各级普查机构及其工作人员和参与普查工作的第三方机构泄露在普查中知悉的普查对象商业秘密的，对直接负责人的主管人员和其他直接负责人员依法依纪给予处理；对普查对象造成损害的，应当依法承担民事责任。

1.2.3　污染源普查质量管理做法

（1）制定技术规范，强化监督

为建立健全普查责任体系，强化监督，印发了《关于第二次全国污染源普查质量管理工作的指导意见》（国污普〔2018〕7 号）、《关于做好普查入户调查和数据审核工作的通知》（国污普〔2018〕17 号）、《关于印发〈第二次全国污染源普查质量控制技术指南〉的通知》（国污普〔2018〕18 号）、《关于进一步做好第二次全国污染源普查质量控制工作的通知》（国污普〔2018〕19 号）、《关于强化污染源普查数据审核和质量核查工作的通知》（国污普〔2019〕2 号），建立了质量管理岗位责任制，明确了各级普查领导小组对普查质量管理负领导和监督责任，地方各级普查机构对其委托的第三方机构负监督责任，以及检查的要点和标准。为防止数据造假，根据要求，数据产生、记录、汇总、核查等各主要环节均保留了工作记录，进行了现场审核并签字盖章，地方各级普查机构均明确了一名质量负责人，对普查的每个环节实施质量管理和检查。

（2）强化调度、督办、通报

为有效推进各阶段的普查工作，开展了多层次、多维度的调度、督办工作。一是通过"入户调查完成率""入专网率""审核通过率""核算完成率""自审整改完成率"等调度结果推动各阶段各级普查工作进度，及时发现存在问题并采取有效措施。二是针对在普查过程中存在的阶段性问题，及时向有关省（自治区、直辖市）开展督办和通报。前期准备阶段，向工作进展缓慢的 5 个省（自治区、直辖市）印发了督办函；清查建库阶段，向清查工作质量较差的 2 个省（自治区、直辖市）印发了督办函；数据审核阶段，对数据质量较差的部分省（自治区、直辖市）开展了现场督办工作；数据汇总阶段，对整改工作不力的 6 个地级市印发了督办函。三是针对普查工作中普遍存在的共性问题和关键性问题进行预警、通报和督办。如在入户调查进展和数据提交入网进展缓慢问题上，向 11 个省（自治区、直辖市）印发了预警通知，向 5 个省（自治区、直辖市）印发了督办通知；G106 表填报率普遍偏低问题对全国 31 个省（自治区、直辖市）和新疆生产建设兵团进行全口径通报。通过实时调度和多层次的督办工作，对进展较慢、质量较差的省（自治区、直辖市）传导压力，有效强化了普查监督工作。

（3）分阶段的检查、核查

在清查阶段，为保证"全面覆盖、不重不漏、信息准确"，针对前期准备和清查建库工作组织开展了两次检查，共形成《普查前期工作检查情况日报》7 期，发现各类问题 300 余个。入户调查阶段，按照"解剖麻雀"的方式，分片区组织专家开展面对面的质量提升帮扶指导工作，共召开现场反馈会 75 次，形成反馈单 86 份，指导地方举一反三；同时，组织行业专家和地方技术骨干在北京市开展了三轮集中审核，下发 26 批次问题清单，要求其 3 天核实归真；选取问题较多的省（自治区、直辖市），现场检查其工作完成情况。入户调查后期，抽调普查专家、地方普查技术骨干 300 余人次，分两批开展质量核查工作，覆盖全国所有省（自治区、直辖市），共核查普查对象 5 025 个，核查关键指标 616 154 个。数据汇总阶段，集中开展数据汇总、比对、分析和校核工作。组织各省级普查办主任集中到北京做现场反馈，通过"边分析、边发现、边反馈、边核实"的方式对数据再次审核把关，确保数据质量。还委托第三方评估团队，对普查工作进行了评估。

（4）信息化手段的应用

在清查阶段，统一组织开发普查用底图，普查清查小区划分工具，普查员持移动采集终端设备，现场核实数据并采集空间信息，保留采集轨迹。在入户调查阶段，在普查软件系统开发过程中增加了质量审核模块，将制定的审核规则嵌入普查软件系统中，降低了数据采集和填报过程中可能存在的部分指标间逻辑不合理、关联指标不匹配、应填未填等问题的发生，数据质量在上报过程中得到了层层把控。在汇总审核阶段，组织行业专家、系数专家和地方普查骨干，根据普查数据质量情况进一步细化关键指标的审核规则，编辑开发了基于 Access 软件的审核工具，下发至各级普查办。Access 软件审核工具可帮助各级普查机构通过汇总统计，开展行业间、区域间、同行业同区域企业间的数据比对，快速排查异常值，从而更加准确地定位问题企业，并进行整改。此外，各地也可根据需要将软件工具进行功能扩展，自编程加入需要的审核规则。信息技术在普查中的应用有效实现了各级普查机构对普查数据的高效质量审核和实时进度把控，将规定的操作程序固化到了软件系统中，每一步骤均要求按既定流程进行，减少了人为因素的干扰，有效地防止了数据造假，保证了数据精准。

第 2 部分

各阶段质量管理

2　前期准备阶段质量管理

2.1　普查前期工作

2017 年以来，中共中央办公厅、国务院办公厅先后印发了《关于深化统计管理体制改革提高统计数据真实性的意见》《关于深化环境监测改革提高监测数据质量的意见》等文件，对数据的真实性、准确性、客观性、全面性以及打击数据造假提出明确要求。污染源普查属于多目标、多任务普查，技术路线复杂，涉及领域和部门多，与经济普查等同类型普查相比，普查技术不成熟，经验积累不足，无专业普查技术人员，影响普查质量的因素众多。因此，为确保第二次全国污染源普查的数据真实、准确、全面，并为将来可以更好地应用和服务于环境管理决策，第二次全国污染源普查从前期准备阶段开始即高度重视普查质量管理，从组织领导和责任机制、资金保障和经费管理、人员队伍和技术力量等方面进行全面的质量控制工作。

2.1.1　落实资金保障和经费管理

经费落实是普查质量保障的重中之重。在经费管理和落实方面，按照分级保障原则，普查工作经费由同级财政予以保障。国家层面上，根据《第二次全国污染源普查项目预算编制指南》（以下简称《指南》）明确了中央财政预算编制范围和地方财政预算编制范围。地方层面上，各地要根据《指南》和实际工作需要，执行普查的总预算和分年度预算。各地方结合实际出台地方普查经费管理办法，切实加强污染源普查的资金支持力度，确保普查工作经费，为质量控制提供有效保障。

2.1.2　宣传和培训

污染源普查范围广、任务重、技术性强，普查人员是否充足、人员素质高低等直接关系到普查数据质量和整个普查工作的成败。为此，第二次全国污染源普查高度重视普查队伍的建设和普查培训工作。一方面，抽调机关、事业单位中业务精、作风硬、组织协调能力强的干部参加普查工作，并用好环境监测、统计和执法队伍。从社会上选聘责任心强、专业能力水平高的人员加入普查队伍，同时通过政府购买服务的方式成功引入第三方机构开展工作，从人员和数量上确保形成素质过硬的普查队伍。另一方面，根据工作需求，结合现场调研、工作调度和工作进展等情况，组织编写普查培训资料，在全国范围内举办内容丰富、形式多样的普查培训班，认真组织开展普查相关业务培训和指导工作，扎实做好各阶段、各层面普查培训，提高工作人员的业务能力和技术水平。

据统计，生态环境部普查办先后组织了 28 期、30 批次业务培训，内容涉及普查内容和技术路线说明、普查清查和入户调查有关文件解读、伴生放射性矿普查、各类源排放量核算、普查档案整理和保密管理、普查成果报告编制等各个方面。共培训省、市两级普查机构技术骨干、师资力量以及试点地区业务骨干 6 000 余人次。同步录制培训视频 60 部，其中有 37 部已经制作成课件并上传至"全国环保网络学院"平台。每期培训均在结课后由学员对培训老师进行打分，反馈培训问题，确保培训质量。此外，在入户调查和排放量核算等关键阶段，搭建网络培训和答疑平台，开展在线培训 10 余万人次；针对基础薄弱、条件艰苦的西藏和新疆，还专门组织了 3 期专题培训班，帮助和支持当地普查机构顺利推进工作。此外，农业农村部普查工作推进组组织举办了 4 期综合培训班、25 期专题培训班，现场培训省、市两级普查机构技术骨干、师资力量约 4 000 人次，组织各级农业源普查机构培训调查监测人员 3.5 万人次。

地方各级普查机构参照生态环境部普查办的培训模式和工作内容，组织举办本级普查培训班，新疆、西藏、青海、云南等省级行政区克服地域条件，采取片区集中、在线培训、下沉基层等方式组织开展培训工作。据统计，全国各地共组织培训超 3 万个班次，培训超 200 万人次，培训合格 190 余万人次，培训合格率达到 97.7%，培训效果良好，为按时按质按量完成普查任务奠定了基础。

2.2 建立健全制度和规范

生态环境部第二次全国污染源普查工作办公室（以下简称部督查办）确立了"全国统一领导、部门分工协作、地方分级负责、各方共同参与"的基本原则，印发了《关于第二次全国污染源普查质量管理工作的指导意见》（国污普〔2008〕7 号），从责任体系、质量管理岗位责任制、质量溯源制度、质量核查评估等方面进行了全面、细致的要求。在质量控制工作过程中，充分发挥了国务院和各地污染源普查领导小组办公室的统筹领导和组织协调作用，明确各部门职责和任务，围绕全面、真实、一致的质量控制目标，建立统一的数据质量标准，强化数据审核、验收评估、全员和全过程控制。数据质量控制目标实现路径见图 2-1。

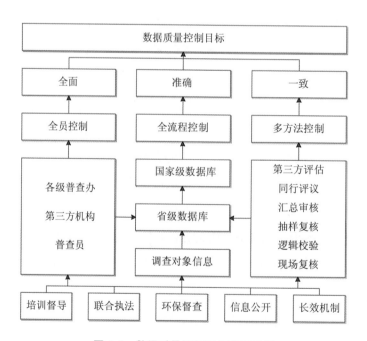

图 2-1 数据质量控制目标实现路径

各级普查机构按照国务院第二次全国污染源普查领导小组办公室的统一规定，结合本地区实际，进一步完善和细化。对普查工作的各流程、各环节进行规范，建立操作规程，使污染源普查工作的各个环节都有据可依，有据可查，避免工作的随意性，提高工作的透明度，强化对工作的监督和考核，全面提升数据控制规范化工作。

2.2.1　确立全过程控制、全员控制、逐级控制原则

质量控制必须贯穿普查前期准备、清查建库、全面普查和总结发布等普查全过程，及时识别、消除、纠正事前、事中、事后影响普查数据质量的各类因素和行为，保证高质量完成污染源普查任务。特别是要针对普查工作中容易出现质量问题的薄弱环节、关键部位实施严格的质量监控措施，对各项普查内容的核心指标和重要数据进行严格的审核把关。

普查员、普查指导员等普查工作人员均为质量控制的主体。各级污染源普查机构通过普查员和普查指导员的选聘、分工和责任落实工作，通过开展宣传、动员和培训，切实提高每一个普查工作人员的质量意识和责任感，明确各自岗位上的质量控制目标和要求，构建人人参与质量监督和质量把关的工作机制，构建严密、全覆盖的质量控制体系，确保污染源普查工作质量得到全方位的有效控制。

各级污染源普查机构要严格遵循普查方案，按照规范流程操作，将质量控制贯穿于前期准备、清查建库、全面普查和总结发布等普查全过程，及时发现和处理影响普查质量的各种因素，加强对污染源普查重要内容、关键节点、薄弱环节的质量监控，对普查数据进行严格审核、把关。

逐级明确污染源普查质量控制的责任和要求，确保质量控制要求贯彻落实。各级污染源普查机构及其主要负责人应对辖区普查质量控制工作负责。县级污染源普查机构严格按照有关技术要求对普查数据进行自查。地级以上污染源普查机构负责对辖区普查数据质量进行核查。各级普查机构对向上级报出的普查数据成果，按照有关规定和标准进行严格自查；对上级普查机构发现的问题，应及时整改；对下级普查工作，应及时进行监督、检查和指导，并对下级上报的普查数据质量严格审核把关。

2.2.2　逐级建立质量控制工作机制

通过建立普查责任体系，具体明确普查对象、普查员、普查指导员、各级普查领导小组办公室、第三方机构等承担的主体责任、监督责任和相关责任。按照逐级质量控制原则，各级污染源普查机构均应按照统一规定，结合本区实际，建立污染源普查质量控制的工作机制，健全污染源普查质量控制的相关制度和办法。按照全员质量控制原则，建立质量控制岗位责任制，设置专人负责质量控制工作，将质量控制任务分解落实到每一个岗位，明确质量控制目标和要求，切实提高每一名普查工作人员的质量意识和责任意识，做到任务到人、措施细化、权责清晰、监督有据。

2.2.3　制定质量控制规范和制度

（1）工作检查制度

通过巡查、督查和现场指导等形式开展普查工作检查。

（2）数据审核制度

制定严密的审核规则和数据校核订正程序，进行污染源普查数据逐级审核工作。

（3）数据抽查制度

进行事中检查、事后抽查评估。

（4）数据验收制度

制定具体数据质量评价标准，对污染源普查成果逐级进行验收。

（5）数据质量溯源制度

建立质量溯源制度，填报纸质报表或使用掌上电脑（PDA）采集数据，对普查报表进行审核、更改，对普查数据质量进行检查，均应留有记录并存档。

2.3　扎实开展"两员"选聘与管理

在污染源普查中，普查员和普查指导员在普查工作中起到了关键作用，是全面开展普查清查和入户调查的主要力量，一方面肩负着收集污染源普查基础数据的重任，另一方面对宣传普查工作、提高群众环保意识发挥了巨大作用。我国没有专门的普查队伍，普查员、普查指导员均为临时人员。如何兼顾数量与质量，是"两员"选聘和管理的重点和难点。

国务院第二次全国污染源普查领导小组办公室高度重视"两员"选聘和管理工作，2017 年 12 月，制定印发了《关于第二次全国污染源普查普查员和普查指导员选聘及管理工作的指导意见》（国污普〔2017〕10 号）等一系列文件，对普查员和普查指导员的职责和权力、选聘、培训、工作内容及管理均提出了明确、详尽的要求，指导地方做好普查员和普查指导员选聘及管理工作。

2.3.1　合理拓展"两员"来源，保证"两员"数量

普查员和普查指导员需求量较大，由县级污染源普查机构作为主体，通过公开招聘、推荐、自荐等多种方式确定初步人选。考虑到普查指导员在普查工作中的关键作用，以及其条件要求和职责，其人选应依据普查对象优先考虑环保机构、农业机构人员，以及环保科研院所专业技术人员。我国幅员辽阔，污染源分布和普查基础区域差异明显，地方普查办按照第二次全国污染源普查工作计划和相关技术规定、"两员"选聘及管理等文件要求，根据属地原则，结合实际，合理拓展"两员"来源。

据统计，全国共选聘和培训了普查员和普查指导员 38 万余名。普查员和普查指导员以生态环境系统下属的环境监察、监测人员以及街道、乡镇、村委工作人员和环保员为主，以在校大学生和企业环保人员为辅。还有部分地方的普查员和普查指导员来源于统计、工商、卫健等部门中具有多年实践经验的干部。

除普查员和普查指导员以外，还引入了其他社会力量近 8 万人参与普查，如街道、乡镇网格员和村干部等，充分发挥其熟悉属地工作情况的优势，为清查和入户调查提供指引和帮助。

2.3.2　加强普查员和普查指导员的培训与管理

与第一次全国污染源普查相比，第二次全国污染源普查范围覆盖面更大，工作量和难度更大，对普查员和普查指导员的要求也更高。普查员的主要职责为对普查对象宣传普查的重要性，指导普查对象填报普查信息，核对普查对象填报普查信息的完整性、全面性和准确性，对数据的合理性进行初步判断，做好第一层质量控制工作。同时，要完成普查中的其他工作。普查指导员的主要职责是组织协调所负责区域的普查工作，对普查员进行指导，对普查报表进行审核，解答普查中普查员的问题，做好第二层质量控制工作。普查指导员除对普查员提交的报表进行审核外，还要进行现场复核。按一个普查指导员负责 10 名普查员计算，复核率 5% 相当于一名普查员一半的工作量，因此现场复核比例确定为不低于 5%。

普查员和普查指导员确定初步人选后，需要按照相关的培训文件要求，经过培训后考试合格，达到普查工作要求后才能聘任。

2.3.3　科学合理地配置普查员和普查指导员

根据不同的污染源选用不同类型的普查员和普查指导员，兼顾工作经验、对调查对象熟悉程度、文化与业务水平、工作热情与责任心情况，通过合理配置，实现素质、业务的统一。重点工业污染源、集中式污染治理设施和农业污染源的普查员和普查指导员，原则上由专业或公职人员担任，可主要分别从各级环保、经贸（发改）、农业（畜牧、渔业）、统计等系统内部抽调，还可以与从街道（乡镇）干部中选聘的人员搭配工作。一般工业污染源、生活污染源的普查员和普查指导员可以从党政机关、企业事业单位、街道（乡镇）干部和教师、大中专在校学生和未就业的大中专毕业生中选聘。

2.4　第三方机构管理

考虑到生态环境系统工作任务重、业务范围广、工作压力大的现状，尤其是基层力量严重不足的情况，《方案》提出购买第三方服务和借助信息化手段，提高普查工作效率。为规范第三方机构参与普查工作，根据《国务院办公厅关于政府向社会力量购买服务的指导意见》《方案》等有关要求，2017 年 12 月，国务院第二次全国污染源普查领导小组办公室制定印发了《关于做好第三方机构参与第二次全国污染源普查工作的通知》（国污普〔2017〕11 号），从选择第三方机构的基本原则、过程管理、第三方的基本条件、参与内容、资金绩效管理、监督管理等方面提出了明确要求。农业农村部为做好农业源普查原位监测点布设和检测机构遴选工作，编制印发了《关于报送农业污染源普查原位监测点位和检测机构名单的通知》，对备案检测机构开展盲样考核和飞行检查，加强对第三方机构的质量控制。

2.4.1　提高工作效率和社会公信力

通过引入第三方机构，将普查中的部分工作交给有能力做好的专业机构完成，能够积极应对普查任务量大、人员不足等问题，有助于把基层普查办工作人员从具体、烦琐的工作中解脱出来，更好地开展普查组织、培训、协调和数据质量控制等工作，提高普查工作效率。通过引智借力，充分发挥第三方机构人力和智力优势，可以在很大程度上补齐短板，实现污染源普查的精细化、专业化，提高普查数据质量和公信力。

全国各地坚持公平、公开、公正和注重能力实绩的原则，选择专业能力强、执业规范的第三方机构。据统计，地方各级普查机构共引入 4 692 个第三方机构参与普查工作，第三方机构参与人员达 10 万余人，不仅解决了普查力量不足的问题，还充分利用社会力量，有效推动了普查工作的顺利开展。

2.4.2　第三方机构的服务内容

由于污染源普查工作难度、工作基础、经费支持能力等条件不同，各地普查机构对第三方机构的需求、委托内容及方式等方面也存在较大差异。在第二次全国污染源普查工作中，除应当由各级普查机构直接开展的不适合第三方机构承担的工作内容，如质量核查、普查验收、普查成果发布等行政工作外，原则上还可以委托第三方机构开展。

各地方普查机构按照有利于按时完成普查任务、有利于提高普查工作质量的原则，依照国家文件要求，根据工作需求和实际情况积极引入第三方机构参与普查。据统计，第三方机构主要承担的工作内容包括信息系统开发及相关技术支持服务，伴生放射性矿普查初测或详查相关工作，以及普查数据审核、档案管理、宣传培训等相关工作。第三方机构充分发挥自身专长，为普查工作贡献了大量的人力和技术支持。

2.4.3　第三方服务机构的监管

污染源普查过程中，政府购买服务的目的在于有效提高普查工作效率和数据可信度，而不是逃避主体责任。引入第三方并不意味着地方普查部门可以当"甩手掌柜"，而是要转变角色，加强对第三方机构严格有效的监督，确保委托任务按时完成。在第三方服务机构参与普查过程中，地方普查机构进行了积极探索，部分省级行政区还针对第三方管理专门出台了文件。据统计，各级地方普查机构出台第三方管理文件近 800 份，通过公开第三方机构选择过程、签订服务合同、明确服务内容、规范工作流程和标准，强化资金及技术监管，进行全过程的跟踪监管和对服务成果的检查验收，不断优化和加强第三方服务质量和效率，取得了良好的工作效果。

3 清查阶段质量管理

清查工作分为两个阶段开展：第一个阶段是建立清查底册。国家将初步的名录库下发给省级普查机构，省级普查机构在 2018 年 5 月 10 日前组织完成本级和地级名录的补充，形成清查底册下发给县级普查机构。第二个阶段是现场摸排。县级普查机构根据收到的清查底册，组织开展现场摸排工作，核定清查底册上的名录信息，对新发现的污染源进行增补，形成普查清查基本单位名录并上报。

3.1 清查准备工作

3.1.1 制定清查技术规定

普查和清查是第二次全国污染源普查工作的重要内容，是确定普查入户调查对象、全面开展污染源普查入户调查、实现第二次全国污染源普查目标的基础性工作，对于摸清工业企业和产业活动单位、规模化畜禽养殖场、集中式污染治理设施、生活源锅炉和入河（海）排污口等调查对象的基本信息，全面了解各类固定污染源的数量、结构、区域和行业分布情况，建立健全第二次全国污染源普查基本单位名录库和普查信息数据库具有十分重要的意义。

为指导第二次全国污染源普查清查工作，确保清查和普查工作质量，根据《国务院关于开展第二次全国污染源普查的通知》（国发〔2016〕59 号）和《国务院办公厅关于印发第二次全国污染源普查方案的通知》（国办发〔2017〕82 号）的要求，制定了《第二次全国污染源普查清查技术规定》（以下简称《技术规定》）。

《技术规定》对清查的原则、要求、对象、范围、内容、组织实施过程等均进行了详细的解释。各级普查机构根据《技术规定》开展清查工作，保证了各级普查清查工作步调一致、口径一致。提出了"应查尽查、不重不漏"的原则，要求对各级行政区域范围内的全部工业企业和产业活动单位、规模化畜禽养殖场、集中式污染治理设施、生活源锅炉和入河（海）排污口逐一开展清查；登记地址和生产地址不在同一区域的，按照生产地址进行清查登记；有多个生产地址的工业企业或产业活动单位，按照不同生产地址的清查顺序依次编号并分别进行清查登记；涉及不同行政区域的，按照地域管辖权限分别进行清查登记；同一单位生产经营活动同时涉及工业生产、规模化畜禽养殖或集中式污染治理的，分别归入相应类别进行清查登记；地方各级普查机构可根据需要扩大清查范围或增加清查内容。

3.1.2 开展清查试点和技术培训

习近平总书记主持召开的中央全面深化改革领导小组第三十五次会议中强调抓好试点对改革全局意义重大。清查工作是全国性的工作。为更好地做好清查工作，选定了 17 个地区作为清查试点地区，探索清查工作的实现路径和实现形式，扎实做好入户调查前的"试用试行"工作，搞好实战演练，验证完善普查报表制度、技术规定和相关软件，为全面启动清查工作提供可复制、可推广的经验做法。

普查培训是影响普查工作的关键环节，各级普查机构均根据《方案》要求，制定覆盖所有技术内容和全部普查相关人员的培训计划。从培训分工上，国家负责省、市两级普查机构技术骨干以及各省级普查培训师资的培训。省、市两级普查机构负责对县级普查机构的业务指导和技术支持，加强第三方机构管理。

为推进第二次全国污染源普查清查技术规定及试点工作，国家普查机构在广东省广州市举办了第二次全国污染源普查清查技术规定培训班，对普查清查技术规定进行了解读。培训对象为各省（自治区、直辖市）、新疆生产建设兵团环境保护厅（局）以及中央军委后勤保障部军事设施建设局的有关人员，每单位 3 人，包括普查办主任 1 人、技术骨干 2 人。河北省武安市等 17 个普查试点地区环境保护局有关人员（每单位不超过 2 人）也参加了培训。

培训后，17 个普查试点地区均制定了试点方案。浙江省全方位启动普查工作，温州市总结了"四个到位、四军联合、四查并举、四个结合"的四字口诀法开展清查工作；重庆市北碚区采用"两上两下"的清查方法，通过现场拉网式排查，完成了全部清查工作，北碚区的试点工作验证了清查表格和技术规定，探索建立了以规划红线确定划分边线，以"谁监管谁普查"为原则确定权限，个别跨地域企业协商解决的方法，确定了交叉区域普查任务的普查小区划分技术路线，为全国在传统区和开发区交叉区域开展普查工作提供了参考。

根据国办《方案》部署要求，国务院第二次全国污染源普查领导小组办公室在印发的《普查三年工作要点》中明确，2018 年 3—6 月要完成清查建库和试点工作。但是，从 2018 年 4 月底的全国情况来看，普查工作整体进展缓慢，有的地方还比较滞后，存在"内热外冷"和"上热下冷"的现象，制约和阻碍了普查工作的全面实施。为及时总结推广试点地区的先进经验，生态环境部决定在浙江省温州市举办污染源普查清查与试点培训班，对普查、清查技术规定解读并答疑。培训班邀请了浙江省温州市和乐清市、重庆市北碚区、鹿城区大南街道等介绍清查工作经验，现场教学。

省、市两级普查机构均加强对县级普查机构清查工作的指导，省、市、县联动，确保清查技术培训全覆盖。选派懂业务、责任心强的人员负责培训工作，保持普查技术骨干队伍的稳定性，把普查工作要求和技术规范讲解清楚。对于清查工作中遇到的问题，认真及时研究回复，做好技术指导，力争让每名同志掌握开展普查工作的基本要求。

3.1.3　单位名录库筛选

国家普查机构根据国家工商、税务、质检、统计、农业等系统的名录数据筛查整合得到清查基本单位名录后分解下发。各级普查机构负责收集辖区内工商、税务、质检、统计、农业等系统的名录，并与上级分解名录进行比对，补充完善本级清查基本单位名录，形成清查底册并下发至县级普查机构。

普查小区是组织开展普查工作的基本地域单元，凡包含有第二次全国污染源普查对象的地域范围，都须划分普查小区。

地方各级普查机构根据普查分区和清查基本单位名录，组织清查，明确普查员和普查指导员负责的区域范围及清查对象,落实责任。按小区实地访问、逐户摸底排查,参照清查基本单位名录册(库),排重补漏,核实完善清查对象信息,分别填写《第二次全国污染源普查工业企业清查表》《第二次全国污染源普查规模化畜禽养殖场清查表》《第二次全国污染源普查集中式污染治理设施清查表》《第二次全国污染源普查生活源锅炉清查表》《第二次全国污染源普查入河(海)排污口清查表》,汇总后逐级上报。

各级普查机构根据清查结果确定本级普查基本单位名录,经上级普查机构审核认定,确定为第二次全国污染源普查入户调查对象名录。各省(自治区、直辖市)省级辐射监测机构将初测放射性水平达到筛选标准的伴生放射性矿企业,整理汇总形成伴生放射性矿普查单位名录,汇总后报省级普查机构。省级普查机构将本地区普查单位名录审定后上报国家普查机构。

2017 年度停产的企业或单位,纳入普查范围;2017 年 12 月 31 日以前已关闭的企业或单位,不纳入普查范围。

3.2 清查建库工作

3.2.1 建立健全工作记录

地方各级普查机构均明确了一名质量负责人。清查过程中,各级普查机构对未列入上一级普查机构下发的清查基本单位名录册(库)的单位,以及清查基本单位名录册(库)中未列入普查单位基本名录的单位,由负责清查的工作人员填写说明,并由质量负责人签字。

3.2.2 开展现场排查

县级普查机构要充分调动乡镇、街镇和村(居)民委员会力量,利用环保员和网格员熟悉辖区情况的优势,发挥第三方机构专业优势,做好普查清查工作组织实施。在清查底册的基础上,组织开展实地排查,核实企业运行、关闭、停产和其他状态,填报各类污染源基本信息和地理坐标信息。现场排查中新发现的、不在清查底册中的污染源应补充到名录中,并在清查表中填报污染源有关信息。对暂时不能明确是否属于清查范围的,依据从严原则,一律纳入清查范围。清查底册中确认处于关闭状态和不建议纳入全面入户调查对象的,无须填报清查表,但必须进行标识。

为保证"内外结合,不重不漏",地方各级普查机构将名录库清洗比对工作与拉网式现场排查工作相结合,去重、去伪、补漏,摸清所在区域各类污染源数量和分布情况。

3.2.3 实行双周调度制度

坚持"压茬推进、轮次递进、双周调度"的原则。根据《关于加快推进第二次全国污染源普查工作的通知》(国污普〔2017〕1 号)的工作安排,清查和试点工作期间实行双周调度,以 2018 年 5 月 10 日为起始点,省级普查机构每逢双周四 17:00 前将省、市、县三级普查机构工作进展情况报生态环境部。生态环境部将相关情况汇总整理,形成工作简报,适时上报国务院办公厅。双周调度内容主要包括:

（1）前期准备情况

地方各级普查领导小组及其办公室（工作办公室）等机构设立、人员配备、办公场所、经费落实、专网联通、实施方案（或工作方案）印发情况。2018 年 5 月 10 日前，各省环保厅将会议精神传达落实情况和工作部署情况向部普查办进行书面汇报。

（2）动员部署情况

地级及以上普查领导小组召开普查电视电话会议的情况，包括会议时间、地点、出席单位及参会人数。

（3）"两员"选聘情况

各地已有多少个地级、县级行政区开展了"两员"选聘工作，共选聘了多少名普查员和多少名普查指导员。

（4）第三方参与情况

各地有多少个地级、县级行政区计划利用第三方机构参与普查，已确定多少家机构参与，并附机构名称及参与内容。

（5）宣传培训情况

宣传情况：各级开展宣传的情况，开展了哪些具体的宣传活动。

培训情况：已开展培训的期数和总人数以及每期培训内容及参加人数。

（6）清查工作情况

各地现场清查已确定的普查对象数量，各地已完成生活源锅炉和入河（海）排污口清查工作的数量。

（7）试点工作情况

国家试点：试点方案编制情况以及工作进展。

省内试点：试点方案编制情况以及工作进展。

（8）手持移动终端采购情况

各地计划采购数量、总预算以及实施情况。

对各项调度指标均达到相关规定要求的，予以通报表扬；对调度指标未达到相关要求或完成较差的，按要求限期进行跟进；逾期未完成任务的，视情况限时整改、约谈、专项督察、追责。各阶段调度综合情况将作为评估各地普查质量的重要依据。

3.3　清查质量核查

3.3.1　明确清查责任主体

地方各级人民政府普查领导小组是清查工作的第一责任主体，政府各有关部门要按照普查实施方案分工要求做好清查工作。上级普查机构要加强对下级普查机构的业务指导、工作调度和任务督办，确保相关责任落实到位。

3.3.2　各级质量核查

县级普查机构要做好数据自查自检。地方各级普查机构对本行政区域清查结果进行审核并组织复核。以复核对象辖区内所有普查小区为总体，按比例随机抽取部分普查小区进行复核。地级普查机构复核抽样要覆盖所有的县级行政区和所选取的普查小区样本范围内所有清查对象；省级普查机构复核抽样要覆盖所有的地级行政区和所选取的普查小区样本范围内所有清查对象。

复核的清查结果不满足质量管理要求的，视情况要求开展补充清查或重新清查。对保障条件落实不到位、工作进度滞后、没有按计划完成的公开提出批评，视轻重程度，采取发督办函、内部约谈、公开约谈、内部通报、公开通报、专项督察等方式强化问题整改和相关责任落实。

重点核查各类污染源普查调查单位名录是否全面、准确。

3.3.2.1　选取核查区域

省级核查：覆盖所有地级行政区，每个地级行政区随机选取 2 个县级行政区作为核查区域开展核查。

地级核查：覆盖所有县级行政区，每个县级行政区随机选取 2 个乡镇级行政区作为核查区域开展核查。

3.3.2.2　确定抽样数量

（1）工业污染源

核查区域内工业污染源总数小于 500 家的，随机抽取 25 家（不足 25 家的全部抽样）；500 家以上的，按 5% 的比例进行抽样（抽样数量不超过 100 家）。抽取的工业污染源原则上应覆盖核查区域内的主要行业类型和不同企业规模。

（2）生活污染源

核查区域内生活源锅炉总数小于 60 台的，随机抽取 3 台（不足 3 台的全部抽样）；60 台以上的，按 5% 的比例进行抽样（抽样数量不超过 10 台）。

核查区域内入河（海）排污口总数小于 60 个的，随机抽取 3 个（不足 3 个的全部抽样）；60 个以上的，按 5% 的比例进行抽样（抽样数量不超过 10 个）。

（3）农业污染源

核查区域内规模化畜禽养殖场总数小于 30 家的，随机抽取 3 家（不足 3 家的全部抽样）；30 家以上的，按 10% 的比例进行抽样（抽样数量不超过 10 家）。

（4）集中式污染治理设施

核查区域内集中式污水处理单位总数小于 10 家的，随机抽取 1 家；10 家以上的，按 10% 的比例进行抽样（抽样数量不超过 5 家）。

核查区域内生活垃圾集中处理处置单位、危险废物集中处理处置单位分别抽取 1～2 家。

3.3.2.3　核查要点

对核查区域的清查工作进行全面核查，分别计算核查区域内工业污染源、农业污染源、生活污染源、集中式污染治理设施的"漏查率""重复率"和"错误率"，填写第二次全国污染源普查清查质量核查结果统计表。

$$漏查率 = \frac{漏查的普查对象数量}{核查确认的普查对象数量} \times 100\%$$

$$重复率 = \frac{重复的普查对象数量}{核查确认的普查对象数量} \times 100\%$$

$$错误率 = \frac{清查表信息填报错误的普查对象数量}{核查确认的普查对象数量} \times 100\%$$

开展省级清查工作核查时，可将选取的县级行政区 30%的乡镇级行政区作为核查区域。

各级普查机构都要编制质量核查与评估报告。报告应如实反映质量核查的有关情况、核查结论、整改要求及下一步工作建议，并及时报送上一级普查领导小组办公室。

3.3.3　国家抽样检查

为检查普查清查成果，为全面入户调查奠定基础，于 2018 年 7 月开展抽查检查工作。

根据检查结果，对存在数据审核把关不严，数据填报缺项、漏项较多，普查员、普查指导员管理不规范，遗漏应纳入普查对象、未做到普查全覆盖、漏查率和错误率偏高等问题的两个省（自治区、直辖市）以国务院第二次全国污染源普查领导小组办公室正式发文的形式进行了通报，要求其在全省范围内组织开展普查清查工作质量自查、补查和整改工作，并依据《第二次全国污染源普查清查工作抽查检查方案》，对漏查率、错误率较高的地区进行调查处理，将整改后的普查数据库和整改报告等相关材料报送。

3.3.3.1　检查区域

随机抽取普查小区作为检查区域开展抽查检查工作。

省级行政区域全覆盖。每个省级行政区随机抽取 2 个地级市，每个地级行政区随机抽取 3 个县级行政区，每个县级行政区随机抽取 1 个普查小区，共计 6 个普查小区作为检查区域；每个直辖市随机抽取 3 个区（县），每个区（县）随机抽取 2 个普查小区，共计 6 个普查小区作为检查区域；新疆生产建设兵团随机抽取 3 个师（市），每个师（市）随机抽取 2 个普查小区，共计 6 个普查小区作为检查区域，开展检查工作。

每个省级行政区域随机抽取 2～3 个河段（总长度不低于 10 km）作为入河（海）排污口检查区域，开展检查工作。

3.3.3.2　检查内容

（1）各级普查机构清查质量管理工作

省级层面重点检查清查质量核查与评估报告、对行政区域内地级行政区开展清查质量核查情况、省级清查结果汇总情况；市级层面重点检查清查质量核查与评估报告、对行政区域内县级行政区开展清查质量核查情况、市级清查结果汇总情况；县级层面重点检查清查工作记录、清查质量管理、县级清查结果汇总情况。

（2）清查对象现场排查

按照《技术规定》对抽取的普查小区进行现场排查复核，全面复核区域内所有清查对象，包括工业企业和产业活动单位、规模化畜禽养殖场、集中式污染治理设施、生活源锅炉和入河（海）排污口。

现场排查复核时，要对抽取的普查小区清查基本单位名录底册中的对象及信息逐一核实，重点核实经清查确认关闭、查无和不建议纳入全面入户调查对象的支撑材料，要甄别其真实性。如发现新的属于"建议纳入入户调查的普查对象"且不在本区域上报的普查对象名录中的，计为漏查记录，用于计算清查对象漏查率。

（3）清查表填报

重点检查清查表中普查对象名称、地理坐标、行业类别等信息填报情况，生活源锅炉清查表还需要重点检查锅炉运行情况、锅炉治理设施情况等信息填报情况。全部内容都应完整、规范、准确，如有填错或漏填的，计为错误记录，用于计算清查表错误率。

3.3.3.3　评估指标与标准

（1）评估指标

①清查对象漏查率

$$清查对象漏查率 = \frac{漏查的普查对象数量}{检查确定的普查对象数量} \times 100\%$$

其中，漏查的普查对象数量是指检查组现场排查复核过程中发现漏查的应纳入入户调查的普查对象数量；检查确定的普查对象数量是指检查组现场排查复核后确认纳入入户调查的普查对象数量。

②清查表错误率

$$清查表错误率 = \frac{关键指标填错或漏填的清查表数量}{检查确定的普查对象数量} \times 100\%$$

其中，关键指标填错或漏填的清查表数量是指关键指标有任一项填错或漏填的清查表数量。

（2）评估标准

清查对象漏查率和清查表错误率均低于或等于1%为优秀，开展入户调查工作；均低于或等于5%且有一项指标高于1%的为合格，需根据检查组意见完善清查工作后，开展入户调查工作；均低于或等于10%且有一项指标高于5%的，需根据检查组意见进一步补充清查工作后，开展入户调查工作；有任一项指标高于10%的，责令重新清查并限期完成。

4   全面普查阶段质量管理

全面普查阶段主要包括普查试点、数据采集、数据审核、汇总数据审核、质量核查 5 个部分，是污染源普查产生数据的阶段，是普查的核心、关键环节。要保证普查数据的质量，必须抓好各环节的质量管理和质量控制工作，确保各环节质量控制标准得到满足。因此，全面普查阶段质量管理的核心是数据的质量控制。

4.1   普查试点

普查试点是对污染源普查各类技术规定、报表制度与数据处理系统等的验证与完善，为普查工作的全面实施积累经验、奠定基础、提供基本保障。为确保试点工作达到预期目标，需明确各级普查机构的主体责任，切实落实质量管理，高质量完成试点工作。

4.1.1   落实主体责任，明确工作内容

试点工作由国家普查机构统一组织实施，制定试点工作方案，明确工作内容和程序。

各省级行政区污染源普查机构加强对污染源普查试点工作的指导和监督，建立定期报告制度，掌握各试点地区工作进展。

试点地区严格、完整按照试点工作方案的要求，认真做好普查的宣传动员和组织实施，对所有的技术细节、功能模块逐项试用，认真总结试点中发现的问题以及建议。

试点工作结束后，国家普查机构广泛听取各级有关部门和基层人员的意见，对报表制度、技术规定和信息系统进行充分论证和评估，发现存在的问题并及时修正。

4.1.2   建立质量管理体系，落实质量控制措施

国家普查机构统一部署试点工作，对试点工作开展情况和数据质量开展抽样核查与评估，把控试点工作质量。

各试点地区按要求建立质量管理体系，明确各参与人员主体责任，同时设立质量管理岗位，对试点工作的每个环节实施质量管理和检查，确保试点工作严格按照普查的各项管理制度、技术要求及试点方案开展，不走样、不偏离、不留白，应查尽查、应报尽报。

试点工作是全面普查的预演，其过程与全面普查的各项要求一致，因此在试点过程中也应针对质量风险点制定质控措施并严格落实。

4.2   数据采集

数据采集是污染源普查数据流程的开端，是对数据质量开展源头控制的关键。数据采集阶段质量管

理主要从采集前各级普查机构、普查员、普查对象的准备工作，数据采集过程数据填报、检查、存档等方面的质量控制开展，确保普查对象填报的信息真实、完整、准确、可靠。

4.2.1　准备阶段

为确保数据采集的高效高质进行，入户调查前准备工作的质量控制也很重要。参与普查的不同实施主体，包括普查机构、普查员和普查指导员及普查对象，应为数据采集工作的开展做好充分准备。

（1）普查机构

普查机构在入户调查前应做好宣传工作，可以通过网站公示、培训、发放宣传册等方式，提前告知普查对象普查数据填报的内容、注意事项以及普查对象的权利和义务等相关事项。同时要做好数据采集硬件、软件的技术支持，协调软件技术服务部门做好数据采集期的技术支持和咨询服务，确保数据采集顺利开展。

（2）普查员和普查指导员

普查员和普查指导员是直接参与数据采集的人员，对从源头控制数据质量起着关键作用。普查员在入户前应制定数据采集计划，配备普查证件，调试移动采集终端设备，保证数据采集工作按时顺利开展。为切实实施数据源头质量控制，普查员需对普查单位填报的数据开展现场质控，因此还需准备入户调查质量控制清单等。普查员在数据采集前应认真学习各类污染源报表制度和技术规定，准确理解调查内容和指标含义，在普查单位需要或填报错误时指导其填报及修正数据，保证数据完整性、准确性。普查指导员指导并监督普查员做好入户调查及质量控制准备工作。

（3）普查对象

普查对象依法具有如实填报普查数据的主体责任，并对数据质量负责。在开展数据采集前做好人员、资料的准备，是确保数据采集工作质量的必要前提。普查对象应指定专人负责数据填报工作，提前收集准备相关基本信息、物料消耗记录、原辅料凭证、生产记录、治理设施运行和污染物排放监测记录以及其他与污染物产生、排放和处理处置相关的原始资料，保证数据填报有据可查。同时还要负责普查表的接收、填报，做好普查相关文件及清单的交接记录，做好普查数据的建档，保证档案完整、数据可溯。

4.2.2　数据采集阶段

根据各类污染源的数据来源，数据采集分为入户调查、统一填报、数据导入 3 种方式。其中，对工业源、农业源、生活源、集中式污染治理设施中的固定源进行入户调查，农业源、生活源中的分散源统一填报宏观数据，移动源导入机动车数据。

（1）普查对象履行填报主体责任

采取入户调查的固定源工业企业、畜禽养殖场、集中式污染治理设施单位等普查对象是污染源普查数据填报的责任主体，应当坚持依法、独立报送普查数据。普查表原始数据填报、缺漏指标补报、差错修改等均须由普查对象完成，或由普查员协助指导完成，不可由普查机构人员代填代报。普查对象报送的数据要严格执行审核程序，由填报人员、审核人员、单位负责人确认，纸质报表需签字并加盖公章。

普查机构独立开展调查，排除人为干扰，保证数据真实。普查员和普查指导员加强对普查对象的指导，并监督普查对象履行数据填报主体责任。普查员在入户调查时现场开展数据质量控制，填写入户调查数据质量控制清单（表4-1）。

表 4-1　入户调查数据质量控制清单

单位名称		统一社会信用代码		
地　　址		负 责 人联系电话		
编号	质量控制检查内容		是	否
1	完整性			
1.1	是否按照污染源属性和行业类别填报报表			
1.2	是否完整填报基本信息、生产活动水平数据			
2	规范性			
2.1	数据填报是否符合指标界定			
2.2	排放量核算口径、方法是否规范正确			
2.3	产排污环节是否完整覆盖			
2.4	核算采用的数据是否准确可靠			
2.5	零值、空值填报是否符合填报要求			
3	一致性			
3.1	填报信息与台账资料是否一致			
3.2	录入数据与报表数据是否一致			
4	合理性			
4.1	是否填报了合理的活动水平信息			
4.2	是否通过数据管理软件审核，不通过的是否进行了备注			
5	准确性			
5.1	是否选用了正确的核算参数			
5.2	污染物产排量计算是否正确			

以上信息普查单位负责人现场核验，确认无误。	以上信息核验无误。
负责人：单位签章： 　　　　　　　　　　年　月　日	普查员/普查指导员： 　　　　　　　　年　月　日

（2）数据填报完整规范，数据来源真实可靠

普查对象应严格按照各类污染源普查报表制度和技术规定要求填报数据，做到数据填报完整规范，数据来源真实可靠。

普查对象根据所属行业确定应填报表，做到报表不重不漏。据实、全面填报统计指标，应填尽填；正确理解填报要求，规范填报。在填报数据过程中应确保填报的数据真实、可靠，普查对象名称、统一社会信用代码、行业代码、行政区划代码等普查对象基本信息正确填报，企业名称、社会信用代码要与工商登记备案一致。主要产品、原辅材料用量、污染处理设施运行状况等生产活动水平数据与实际情况相符，并有完整规范的台账资料等供核查核证。入户调查重点核证指标见表 4-2。

表 4-2　入户调查重点核证指标

序号	污染源类型		重点核证指标
1	工业源		基本信息、主要产品和生产工艺基本情况、主要原辅材料使用和能源消耗基本情况、取水量、燃料含硫量、灰分和挥发分、污染治理设施工艺、运行时间和去除效率等
2	工业园区		基本信息、清污分流情况、污水集中处理情况、危险废物集中处置情况、集中供热情况
3	规模畜禽养殖场		基本信息，畜禽种类、存/出栏数量、废水处理方式、利用去向及利用量，粪便处理方式、利用去向及利用量等
4	非工业企业单位锅炉		基本信息、锅炉额定出力、年运行时间、燃料类型、燃料消费量、燃料硫分与灰分、废气治理设施工艺名称
5	入河（海）排污口		基本信息、监测数据
6	集中式污染治理设施	污水处理厂	基本信息、设计污水处理能力、污水实际处理量、污水监测数据、污泥产生量及处置量等
		生活垃圾集中处置场	基本信息，不同处置方式的垃圾处理情况、能源消耗、焚烧残渣和飞灰处置和综合利用情况、废水（含渗滤液）处理情况等
		危险废物集中处置厂	基本信息，不同处置方式（危险、医疗）的废物处理情况、能源消耗、焚烧残渣和飞灰处置和综合利用情况、废水（含渗滤液）处理情况等
7	油品储运销企业	储油库	分油品储罐罐容、年周转量、油气回收处理装置建设及运行情况
		加油站	总罐容、年销售量、油气回收处理装置建设（一阶段、二阶段、后处理装置、自动监测系统等）及运行情况
		油罐车	运输总量、保有量、油气回收改造油罐车数量

（3）宏观数据完整可靠

对于农业源、生活源的分散源以及移动源，由相关部门填报综合报表，填报的宏观数据应由地方人民政府或国家普查机构协调相关管理部门提供，确保数据完整准确。

（4）污染物产排量核算完整规范

为保证污染物产排量核算的准确性，污染物产生量、排放量核算采取软件系统核算方式。软件系统根据所填或所选的参数计算污染物产生量、排放量，核算过程体现核算方法和核算具体参数，实现污染物产排量计算过程可溯源。

准确核算污染物产排量，首先要保证核算的完整性，包括产排污环节的完整性和污染物的完整性。普查对象要将主要的生产工艺（设备）和产排污节点纳入核算，并对相应排污环节涉及的污染物全部进行核算，做到产排污环节全面覆盖、污染物指标应填尽填。

污染源普查污染物产排量核算最主要的方法是监测数据法和产排污系数法。普查对象应根据实际生产情况，按照所属行业和核算环节开展核算，按照核算技术要求选择核算方法。

采用监测数据法核算时，一是要保证监测数据的规范性。监测机构资质、监测设备运行维护、监测采样分析等数据产生全过程应符合监测技术要求，监测数据报告加盖监测机构公章或数据报告章。二是要保证监测数据的代表性。各产排污环节污染物产排量核算应选用对应点位的监测数据，且监测频次应满足规定要求。三是要保证监测数据处理的合规性。根据《固定污染源烟气（SO_2、NO_x、颗粒物）排放连续监测技术规范》（HJ 75—2017）和《水污染源在线监测系统数据有效性判别技术规范（试行）》（HJ/T 356—2007），对自动监测数据的缺失时段进行规范性补充替代。对多次废水手工监测数据，污染物浓度取废水流量加权平均值。不随意截取某时段或某时期数据作为核算依据，确保监测数据的完整性。

采用产排污系数法核算时，应保证基础数据全面、准确，用于核算污染物产排量的关键参数真实可靠，系数选用合理、符合普查对象实际情况，核算过程规范正确。同时应注意数据单位转换或参数转化，并确保数据转化计算准确。

4.3　数据审核

数据审核包括普查对象自审和普查员及普查机构审核。普查对象自审是普查对象在填报数据的过程中把数据提交到普查机构前，通过普查软件内置审核规则对数据必填项、指标逻辑关系等进行审核。普查机构审核是在普查对象数据提交后，由普查机构，主要是普查员和普查指导员，通过一定的方法和手段辨别数据的完整性、规范性、一致性、合理性、准确性的过程。数据审核是实现普查数据质量源头控制的最主要手段，是提高普查数据质量的重要途径。

4.3.1　普查对象自审

普查对象完成数据填报后，需要对填报数据的真实性和填报的完整性进行审核。主要包括：普查对象的名称、统一社会信用代码或组织机构代码、行业代码、受纳水体等基本信息是否符合规范；普查对象的产值、产品、原辅材料、能源消耗、取水量等生产情况是否符合普查年度的实际；应填报的报表和指标是否填报完整，各指标的计量单位是否填报准确；用于核算污染物产排量的关键参数是否填报准确，产排污系数选取是否正确，监测数据的使用是否有效等；污染治理设施情况是否符合实际，并与日常运行维护记录一致等。

普查对象填报的数据需要通过填报系统软件进行审核，审核全部通过后才能提交。软件审核的内容包括指标逻辑性、完整性等审核，其中，逻辑性包括单指标数值区间、多指标逻辑关系及平衡关系（例如，有废气排放就有废气污染物排放量）等。

普查对象对填报数据边审边录入普查软件系统，对发现的差错及时修改，修改情况要有记录和经手人签字。如果普查对象拒绝对核实的情况更新，普查员可以按更正情况录入，并做好相关记录，附加说明上报。在系统的备注栏中，对未能通过计算机审核的特殊情况数据进行备注说明。

4.3.2　普查机构审核

普查对象完成数据填报后，普查员进行现场人工审核，审核内容与普查对象相同，对发现的错误信息提醒普查对象及时修改或备注说明。普查指导员按照各类指标解释和填报要求，对普查员采集的数据进行审核。审核内容主要包括：

（1）完整性审核

包括调查报表完整性审核和指标完整性审核。重点审核普查对象是否按照污染源属性或行业类别填报报表，做到报表不重不漏。普查对象基本信息、生产活动水平数据是否完整正确，对于空值数据应认真核实，做到应报指标不缺不漏。

（2）规范性审核

数据填报是否符合指标界定。普查对象排放量核算口径、方法是否规范正确，产排污环节是否完整覆盖，核算采用的数据是否准确可靠。零值、空值填报是否符合填报要求。

（3）一致性审核

填报信息与统计资料、原始凭证等台账资料是否一致，台账资料与单位内部有关职能部门之间相关业务、财务资料是否一致，录入数据与报表数据是否一致。

（4）合理性审核

指标单值、单位产品能耗水耗等衍生指标是否在合理值范围内，产品产量和产能，用水、排水量，固体废物产生处置量等指标间的定量关系是否匹配。

（5）准确性审核

燃煤硫分、治理设施去除效率等重要核算参数的计算过程是否符合技术要求，计算结果是否准确。

4.4　汇总数据审核

4.4.1　组织和实施

汇总数据审核工作由各级普查机构统一组织实施，并对本级普查数据质量负责。各级普查机构按照管辖权限对辖区数据进行审核，要有专人负责、专人检查，数据审核通过后逐级核定上报。

各级普查机构可以采取集中审核、多部门联合会审和专家审核等方式审核汇总数据，同时抽取一定比例的普查对象原始数据进行细化审核。

4.4.2　审核流程

普查数据提交到普查机构后，要经过县级、地级、省级、国家级四级普查机构逐级审核，最终形成污染源普查数据库。

普查数据审核流程如图 4-1 所示。

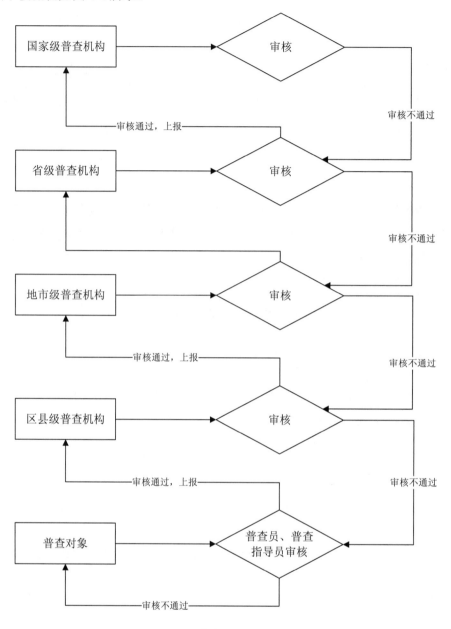

图 4-1 普查数据审核流程

4.4.3 审核内容

（1）区域汇总数据审核

①完整性审核。汇总数据的完整性审核主要是区域层面的宏观数据审核，包括普查区域覆盖是否全面，普查对象是否全面无遗漏，报表数据是否齐全。

各级普查机构按照管辖权限审核所辖区域普查数据是否均已上报，是否存在区域数据缺报或漏报现象。对照普查名录核对普查对象是否有遗漏，普查对象数量是否与名录一致，对于名录中有而没有开展普查的普查对象应进一步核实，确保应查尽查。审核区域内涉及的污染源类型是否全覆盖，相关报表数据是否齐全，对区域指标值为零或为空的数据重点审核。

②逻辑性审核。主要是审核汇总表数据是否满足表内、表间逻辑关系以及指标间平衡关系。

表内逻辑关系是指同一报表内指标间的逻辑性关系。如有废水或废气排放情况而无废水或废气污染物排放量，或反之；有工业锅炉或工业炉窑、有燃料消耗量而无燃烧废气及废气污染物排放情况，或反之；固体废物产生量与综合利用量、处置量、贮存量之间的逻辑性关系等。表间逻辑性关系是指不同报表之间指标间的逻辑性关系。例如，能源消费总量与各分项能源消耗量之间的逻辑性关系等。

③一致性审核。主要审核区域、行业等汇总数据应与统计、城建、行业协会等权威管理部门掌握的社会经济宏观数据保持合理的逻辑一致性。

对比统计、城建、行业协会等社会经济宏观数据，审核区域相关行业企业数、能源消耗量、主要产品产量、溶剂使用量、机动车保有量、常住人口数量等宏观数据是否与社会经济宏观数据保持合理的逻辑一致性。

④合理性审核。考察区域、行业总量数据的合理性。采用比较分析、排序等方法，对比汇总表内或表间相关指标，分析指标间关系的协调性；对比社会经济及部门统计数据，考察同一地区各类源、各工业行业产能、产量及主要污染物排放占比的合理性；对比不同区域或不同区域同一行业排污浓度、单位能源废气排放强度、人均生活污水产生强度、污染物平均去除效率等衍生指标，分析总量数据的合理性；对比不同或相似经济、行业、社会发展水平的地区数据，分析区域、分源、行业总量数据区域分布的合理性。

（2）各级普查机构审核重点

各级普查机构开展数据审核的重点有所不同。

县级普查机构的审核重点是普查数据填报的完整性和规范性、数据录入和汇总的准确性、数据的逻辑性和合理性。主要包括：普查范围的完整性，普查名录内的普查对象是否均已纳入了普查范围；报表填报的规范性，报表指标填报是否符合技术要求和填报规范；表内和表间指标数据是否具有逻辑性；数据是否具有合理性，是否存在异常值。

地级普查机构的审核重点为普查对象的生产工艺、能源消耗、原辅料消耗、产品产量、生产工况、监测数据、产污系数等，系统审核上报数据的完整性、逻辑性、一致性、规范性和合理性。相比县级普查机构的审核，地级普查机构的审核更侧重于辖区内相关报表的完整性；通过对主要指标数据进行排序筛查异常值；辖区内各类污染源、工业重点行业等污染物排放量的占比的合理性等。

省级普查机构重点审核数据的合理性。组织各方力量对地级普查数据进行审核，根据辖区内经济发展情况，对照产业结构、能源消耗量、主要工业产品产量、人口、机动车保有量等社会经济数据，宏观把握辖区内普查数据。

国家级普查机构应组织污染源普查相关业务部门、普查技术支持单位、行业专家等开展数据联合会审，对省级普查数据进行全面审核。同时，国家级普查机构采取巡查、巡视以及现场核查等方式，对各省级普查数据进行审核和复核。

此外，各级普查机构要加强对重点区域、重点行业、重点污染源的数据审核。对于区域总量和行业分布明显不合理的，要追本溯源，核实原始报表数据。

（3）数据复核

为切实保证数据质量，各级普查机构除了对上报的普查数据进行计算机审核和人工审核，还要对普查对象开展一定比例的现场复核。

县级以上普查机构现场复核采取随机抽样的方法，应具备随机性、均匀性。为保证每类污染源都有复核样本，要分源随机抽样；同时要保证抽样区域的均匀性，要以审核单位的下辖行政区为基本单位进行抽样。例如，地级普查机构审核抽样复核，以辖区内各县级行政区为单位，每类污染源均按一定比例抽样。

现场复核的抽样比例主要根据工作量确定。根据普查对象总数、地级行政区划数、县级行政区划数，按不同比例试算各级普查机构抽样数。选取既能具有代表性，抽样工作量亦可接受的比例，作为各级普查机构现场复核的抽样比例。以第二次全国污染源普查为例，县级、地级普查机构抽样试算比例见表4-3。从表中可以看出，县级抽样比例为10%，地级抽样比例为1%，抽样对象数据量为200～300家，工作量可接受，因此县级、地级普查机构抽样复核比例分别为不低于10%和不低于1%。考虑到各地区污染源分布情况不同，对于污染源相对集中、数量较多的县级行政区，如按10%的抽样比例复核工作量太大，也可以抽样复核数不低于200家。地级普查机构抽样复核除了比例上要大于1%，还要确保对所有重点排污单位进行复核，保证污染排放大户数据准确。

表4-3　第二次全国污染源普查现场复核抽样比例试算

项目	县级抽样试算		地级抽样试算	
	抽样比例/%	抽样对象数/家	抽样比例/%	抽样对象数/家
试算比例1	20	569	10	2 426
试算比例2	10	284	5	1 213
试算比例3	5	142	1	243

（4）审核意见反馈及整改

数据审核后，上级普查机构向下级普查机构反馈审核结果。下级普查机构收到上级普查机构反馈的审核意见后，应根据了解到的调查单位的生产运营实际情况，对照上级审核意见，判定是否需要整改数据。如确实需要整改，则继续向下级普查机构反馈，或退回至调查单位整改；如确实存在不符合审核意见的特殊情况，则可判定数据不需要整改，在整改意见后备注说明，反馈至上级普查机构。

4.5　质量核查

质量核查是上级普查机构对下级普查机构污染源普查工作质量的检查和评估，是督促和保证普查各项质量控制措施落实的必要手段，是提升普查工作质量的重要保障，核查结果是评估全国或者各省级行政区污染源普查数据质量的重要依据。

4.5.1　总体原则

（1）全过程核查

为保证质量控制措施在各环节均落实到位，质量核查要贯穿普查全过程。从普查前期准备、普查员和普查指导员选聘及管理、普查清查，到全面普查的入户调查与数据采集，再到数据汇总等环节，均应开展质量核查，全过程监督质量控制措施落实情况，评估质量控制实施效果。

（2）分级核查原则

质量核查按国家级、省级、地级分级开展，国家级普查机构统一组织对各省级普查进行质量核查，各省级普查机构对本行政区域内所有地级行政区进行质量核查，各地级普查机构对本行政区域内所有县级普查机构进行质量核查。

（3）抽样核查原则

与汇总数据复核一样，质量核查也采取按一定数量随机抽样的方法，对抽取的样本进行质量核查。抽样数量必须满足质量控制要求，同时兼顾财力、人力的可行性；还要兼顾重点行业和区域，保证全面性和代表性。

4.5.2　检查内容及技术要点

重点核查入户调查记录，普查表填报的完整性、真实性、合理性及相关指标间的逻辑性。

通过查阅入户调查记录、普查表、普查对象基本信息、物料消耗记录、原辅料凭证、生产记录、治理设施运行和污染物排放监测记录以及其他与污染物产生、排放和处理处置相关的原始资料，对核查区域的入户调查与数据采集质量进行现场核查，记录普查表中出现差错的普查对象信息及具体错误项目。分别计算核查区域工业污染源、农业污染源、生活污染源、集中式污染治理设施的"差错率"，计算公式如下：

$$差错率 = \frac{普查表出现差错的普查对象数量}{核查区域内普查对象的数量} \times 100\%$$

4.5.3　核查样本区和样本量的确定

抽样调查是根据部分实际调查结果来推断总体总量的一种统计调查方法，属于非全面调查的范畴。它是按照科学的原理和计算，从若干单位组成的事物总体中抽取部分样本单位来进行调查、观察，用所得到的调查的数据以代表总体，推断总体。

根据统计学抽样类型的特点，普查质量核查采用类型抽样（分层抽样）和随机抽样相结合的方式开展。类型抽样（分层抽样）就是将总体单位按其属性特征分成若干类型或层，然后在类型或层中随机抽取样本单位。特点是由于通过划类分层，增大了各类型中单位间的共同性，容易抽出具有代表性的调查样本。适用于总体情况复杂，各单位之间差异较大，单位较多的情况。随机抽样就是从总体中不加任何分组、划类、排队等，完全随机地抽取调查单位。特点是每个样本单位被抽中的概率相等，样本的每个单位完全独立，彼此间无一定的关联性和排斥性。简单随机抽样是其他各种抽样形式的基础。

（1）样本区的确定

截至 2016 年年底，国家统计局发布的全国行政区划结果，地级区划为 334 个，其中地级市 293 个。地级区划数排名并列第一的省是广东省和四川省，均为 21 个。全国县级区划数为 2 851 个，其中市辖区 954 个，县级市 360 个，县 1 366 个，自治县 117 个。除 4 个直辖市外，县级区划数最多的省级行政区是四川省，有 183 个；最少的是宁夏回族自治区，有 22 个。

为保证核查的均匀性，省级、地级普查机构对下一级普查机构的质量核查要覆盖所辖所有地级、县级行政区。同时考虑工作量，对核查地级、县级行政区所辖县级行政区、乡镇级行政区进行随机抽样。

如第二次全国污染源普查质量核查中核查区域的选取规定，省级核查覆盖所有地级行政区，每个地级行政区随机选取 2 个县级行政区作为检查区域；地级核查覆盖所有县级行政区，每个县级行政区随机选取 2 个乡镇级行政区作为核查区域。

（2）各类污染源样本量的确定

污染源普查固定源种类包括工业污染源、农业污染源、生活污染源和集中式污染治理设施四大类，各类源差异较大，采用类型抽样（分层抽样），即每类源单独抽样，保证每个类型的污染源都能抽到。对每个类型的污染源再采用随机抽样的方式抽取核查样本。

各地区污染源数量差异较大，在确定样本量时根据区域内污染源总数，按比例或实际情况设置最大、最小抽样数。如第二次全国污染源普查工业污染源抽样数量按照污染源总数大于或小于 500 家确定。总数小于等于 500 家的，随机抽取 25 家（不足 25 家的全部抽样）；500 家以上的，按 5%的比例进行抽样（抽样数据量不超过 100 家）。

4.5.4　核查结果评估与反馈

各级普查机构根据核查结果，对各阶段工作质量进行定性及定量评估，并及时向下一级普查机构反馈。

第 3 部分

典型案例介绍

5　河北省

河北省委、省政府高度重视第二次全国污染源普查工作，制定了以"严、真、细、实、准、快"为原则的总体工作要求。本着"为用而查"的工作目标，确定了河北省的重点普查对象。树立了"数据质量是普查工作的生命线"的总体质量管理要求，科学谋划、统筹推进河北省第二次全国污染源普查各项工作。河北省构建了省、市、县三级同步立体式推进的工作实施方案，逐级明确了质量控制职责。河北省普查办研发了污染源普查系统，内嵌了审核规则，实时审核数据质量，从而省、市、县三级均可实现"点线面"结合的分级三维质控审核；实行了工作进度和质量审核情况"通调督"工作促进制度，通过进度"日通报"、工作"勤调度"、审核"督整改"，做到了质控有抓手、问题能溯源、宏观可把控、问题可量化、整改能落实，保证了普查工作进度和数据质量可控。

通过第二次全国污染源普查，河北省建立了囊括超 18 万个数据的各类污染源原辅材料、设备工艺、污染排放的大数据库，查清了全省污染源的基本情况，掌握了各类污染源在不同区域、流域的排放现状，摸清了不同行业各类污染物的排放水平，查明了全省污染治理设施装备状况，形成了迄今为止最全面细致、系统权威的基础污染源信息体系。

5.1　质量管理工作开展情况

对于奠基在庞大数量和广泛领域的第二次全国污染源普查来说，数据质量控制效果是衡量数据价值和决定普查成败的关键之处。科学的数据质量控制与评估机制和全面的数据质量管理体系是数据质量的重要保障。为做好河北省第二次全国污染源普查质量管理工作，河北省按照国家《第二次全国污染源普查方案》《关于第二次全国污染源普查质量管理工作的指导意见》《关于印发〈第二次全国污染源普查质量控制技术指南〉的通知》《关于做好第二次全国污染源普查质量核查工作的通知》等的要求，对全省第二次全国污染源普查实施统一质量管理。为确保普查数据真实准确，河北省在建立健全质量管理体系的基础上，制定了《河北省第二次全国污染源普查质量控制工作方案》《河北省第二次全国污染源普查数据审核方案》等，各级普查办坚持全过程质量控制、全员质量控制、逐级分类质量控制等原则，实现了普查数据质量持续改进和全过程质量提升。

5.1.1　顶层设计严谨　夯实质量基础

（1）组织保障有力

保障普查质量的前提基础是建立稳定的普查队伍。河北省普查办从第二次全国污染源普查开始就注重顶层设计，树立"为用而查"的工作目标，从河北实际情况出发，根据实际工作量和普查要求，创新工作思路，拓展工作方法。采用"双主任制"管理模式以及"专职抽调+专业入驻"工作模式，达到了高质量完成普查工作的目的。

1)"双主任制"管理模式

第二次全国污染源普查工作是一项工作周期长且系统性、专业性较强的专项工作，如果总是"虎头蛇尾"或者是"朝令夕改"，其效果可想而知。所以从组织效力上说，制度化、常态化的机构设置可以使工作的延续性更强、效果更好。河北省采用了"双主任制"管理模式，由一名副厅长主管、一名副厅长协助管理（这种管理规模从普查开始一直持续到普查工作结束），是全国唯一采用"双主任制"的省级行政区，既保证了管理思路和技术思路的连续性，又保证了工作质量。

2)"专职抽调+专业入驻"工作模式

考虑到河北省环境管理任务重、人员少的实际情况，河北省普查办在顶层设计阶段就明确了抽调专人组成普查办，同时专业技术团队入驻参与的工作思路。抽调了有近30年环境管理经验且负责环境统计工作人员、长期从事污染源执法工作人员和长期从事环境统计和污染源监测管理人员组成省级普查办；专业技术支持单位人员长期入驻共同办公；普查工作量较大的省农业农村厅明确专人对接工作。"专职抽调+专业入驻"模式不仅具备了管理职能，保证了对各市、县的管理推动能力，而且具备了充足的技术力量，从组织上有效地保障了全省的质量管理工作。

（2）基础保障充实

影响普查成效的关键因素之一是以经费落实、人员培训、普查宣传为主要标志的保障因素。河北省坚持做好"三个到位"，即经费足额到位、人员培训到位、政策宣传到位，为普查质量管理工作的顺利实施夯实基础。

1）经费足额到位

河北省采用"统一组织、分别预算"的经费管理模式。按照《国务院关于开展第二次全国污染源普查的通知》总体部署、《河北省第二次全国污染源普查工作实施方案》《第二次全国污染源普查项目预算编制指南》要求，河北省级普查经费由河北省普查办、省辐射管理站、省环境保护宣教中心、省环境信息中心分别编制，河北省普查办汇总后报省财政部门审批。通过将专业的事交给专业人办，不仅节省了资金管理上的工作成本，更提高了经费落实上的工作效率。普查经费按照分级保障的原则，由同级地方财政根据工作需要统筹安排。全省各级财政共落实普查经费3.98亿元，为全省普查工作顺利实施提供充足的资金保障。

2）人员培训到位

河北省以全员培训为基本原则，制定了覆盖全面技术内容和人员的培训计划。聘请行业专家，共组织省、市、县三级培训班共2 834期，培训人员14.4万人次，确保每名普查员和普查指导员掌握普查工作的相关专业知识与技能以及法律法规，理解各类指标的意义以及统计标准，掌握普查的访问方式与技巧，使自身工作能够满足普查所需的数据质量的要求。培训后对全员进行考核，以保证普查人员素质能够满足普查工作的需要。

为确保培训的针对性和实操性，河北省在理论培训的基础上开展了"以督代训"和"以干代训"。针对火电、钢铁、水泥、焦化等11个重点行业，选取代表性企业，在全省范围内进行试填报，通过现场填报，以干代训，有针对性地进行解读、答疑，形成了一套因地制宜的工作思路。

在全省督导检查期间强化实地勘察，深入企业了解生产工艺流程、核实排污节点、核对普查报表填报信息，进行全流程现场填报演练，做到了"人人是普查员、人人是指导员"，在实践实干中为全省培养了一批骨干力量，保障普查工作顺利开展，为普查数据质量奠定基础。

3）政策宣传到位

考虑到第二次全国污染源普查工作时间跨度较大，河北省采取分阶段宣传模式，保证宣传效果深入持续有效。针对不同阶段工作特点，宣传侧重点有所不同。准备阶段，主要宣传污染源普查工作的重要性与意义，提高各地各部门及社会各界对普查工作的认识；清查及数据采集阶段，介绍普查时点、范围和对象以及普查内容与方法，让普查对象明确责任和义务，使普查对象了解如何做好配合，做好普查报表填报工作；数据核算及质量提升阶段，宣传各项工作开展的同时，聚焦普查人物风采，挖掘基层普查工作者先进事迹，鼓舞士气。

河北省针对全省普查工作范围广、受众多的特点，创新宣传方式与载体，将普查环保知识科普、舆论营造、传统媒体、新媒体等有机结合，全面提升宣传效果。在通过横幅、展板、广告牌等线下宣传的同时，由普查员扮演宣传员角色开展一对一宣传，发放《致普查对象的一封信》，提高普查对象对普查的接受度，营造良好舆论氛围，便于后续工作开展；在河北省生态环境厅官方网站开辟普查专栏、在长城网设立普查专题，并在河北省政府网站、河北省生态环境厅"两微"及各类报纸、电视、网站等权威性强的媒体平台开展宣传，发表原创或转载宣传稿件280篇次，通过传统媒体与新媒体的传播途径，提升了全社会对普查工作的认知水平；拍摄与展播公益宣传片、专题纪录片，通过视频影响的形式增强公众对普查工作的直观认识；开展了"冀环答答答"，以"污染源普查环保知识竞赛"等主题活动，引导公众参与到学习了解污染源普查知识的活动中来；完成百集污染源普查系列科普动画片的制作，并在各媒体平台传播，在宣传普查工作的同时，向公众科普环保知识，增强了全社会绿色环保意识；开展省级普查标兵评选活动，将表彰与宣传有机结合，激发了普查人员的工作热情、发挥了先锋引领作用、增强了社会对普查工作的关注度。

（3）体系架构完备

在征求各污染源普查领导小组成员单位的管理要求基础上，明确了环保牵头、部门配合的工作架构。针对河北省污染源特点，在普查之初就确定了"为用而查"的目标。结合全省产业结构、污染物排放和环境管理需求，在全面征求各相关单位和厅属相关处室意见的基础上，在省级实施方案中明确了火电、钢铁、水泥、焦化、玻璃等作为普查重点，确定了14个普查专项，使全省的普查工作重点更加突出。同时，还对地级实施方案制定提出了明确要求，要求各地市因地制宜，方案制定要兼顾本地产业结构特色。河北省普查办还制定了《河北省第二次全国污染源普查工作质量控制方案》《河北省第二次全国污染源普查工作技术保障方案》《河北省第二次全国污染源普查质量评估工作方案》等，对普查全程的每一个环节，包括数据采集和处理、数据汇总评估、数据分析发布等加强质量管理和控制，从而确保数据质量。各地市也按相关要求制定了质量控制制度和措施。邢台市制定了《邢台市第二次全国污染源普查数据质量控制工作细则》，以"全过程质量控制、逐级审核、切实有效"3个总体原则，详实规定了普查数据质量管理相关内容。该市还制定了《关于规范邢台市第二次全国污染源普查第三方服务商管理的指导意见》，保障了普查工作质量。在数据审核阶段，石家庄市制定了《石家庄市第二次全国污染源普查数据审核方案》，对不同类型污染源和不同部门间数据比对方法和差异情况均提出了明确要求，确保了数据审核质量。

（4）制度机制健全

1）质量控制岗位责任制

河北省各级普查机构按照全员质量控制的原则，建立岗位责任制，切实做好质量控制目标、任务和责任的分解落实，明确普查机构岗位职责要求。普查领导小组组长对本级普查质量负全面责任，普查领导小组办公室主任对普查质量负直接责任。普查对象对提供的有关资料以及填报的普查表的真实性、准确性和完整性负主体责任。普查员对普查对象数据来源以及普查表信息的完整性和合理性负初步审核责任；普查指导员对普查员提交的普查表及入户调查信息负审核责任。

全省各级普查领导小组办公室（工作办公室）对辖区内普查数据审核、汇总负主体责任；对登记、录入的普查资料与普查对象填报的普查资料的一致性，以及加工、整理的普查资料的准确性负主体责任。各级普查领导小组成员单位根据职责分工对其提供的普查资料的真实性负主体责任。各级普查领导小组对普查质量管理负领导和监督责任。各级普查机构对其委托的第三方机构负监督责任，并对第三方机构承担的普查工作质量负主体责任。第三方机构对其承担的普查工作依据合同约定承担相应责任。

2）质量管理岗位责任制

河北省各级普查机构明确一名质量负责人，对普查的每个环节实施质量管理和检查。质量管理人员熟悉各相关环节的工作及其质量要求和质量管理措施，负责收集、整理、分析各阶段工作质量指标的数据，及时向同级普查机构反映情况和存在的问题，提出保证普查质量的建议和措施。各级普查机构通过检查、抽查、核查等多种方式，及时发现普查各阶段工作存在的问题并提出改进措施，防止出现大范围的系统性误差。

3）协调联动制度

河北省建立了"政府统揽、分工协作、分级负责、共同参与"的工作机制，确保普查工作有序推进、高效开展。在横向上，河北省普查办与省农业农村、水利、统计等成员单位建立了协调联动、联席会议制度、联合督查制度、联合会审机制等，积极推进污染源普查工作。在纵向上，建立普查多级联动机制，各市、县普查办与相关部门设联络员；乡镇设联络员、普查指导员和普查员，县级相关部门设联络员；村级部门和企业设置联络员。对纳入普查的工业源、农业源、集中式污染治理设施等分门别类建立企业联络员名单。联络员由企业负责人或分管环境安全的负责人担任，同时加强对企业联络员的培训管理，充分发挥"省—市—县—乡—村—企"六级联动工作机制作用，实现"省统筹、市负责、县领办、乡督办、村协助、企填报"的工作格局。

4）普查数据质量溯源制度

根据《河北省第二次全国污染源普查质量控制工作方案》，全省污染源普查数据的产生、记录、汇总、核查等各主要环节都要建立健全工作记录，并做好归档工作。

普查报表填报过程中，全省各地普查对象负责人要对填报的普查表信息进行签字确认；普查员要对经普查对象负责人确认的普查表进行现场审核并签字；普查指导员要对普查员提交的普查表进行审核并签字。普查表审核过程中发现问题的，要按照有关技术规范进行整改并保留记录，相关人员须再次签字确认。要做好普查对象与普查员、普查员与普查指导员、普查指导员与普查机构之间普查表的交接记录。

数据汇总与审核过程中，全省各地质量核查都要保留相关的工作记录并签字或盖章。按照《关于印发〈污染源普查档案管理办法〉的通知》要求，凡规定应当归档的文件资料，必须按照规定集中统一管理，对污染源普查过程中的纸质、电子、影像、音像等档案资料整理归档。任何人不得据为己有或拒绝归档。档案管理工作与污染源普查工作实行同步部署、同步管理、同步验收。

5.1.2　质量控制方法

面对数据总量大、汇总统计困难、审核工作任务重等问题，河北省紧盯"全面、真实、一致"工作目标，树立质量控制贯穿全程的理念，以工作经验为基础，以数据质量控制细则为抓手，以专业指导跟踪督查为方法，以强化环节管理为重点，全方面引导普查工作有序开展。

（1）专业机构整体质控

第二次全国污染源普查是重大的国情调查，工作责任重大、涉及面广，具有环节多、指标细、专业性高、时间性强、工作量大等特点，单靠政府普查力量难以完成，需要社会各方面的大力支持与配合。《方案》明确提出"借助购买第三方服务和信息化手段，提高普查效率"。河北省普查办在顶层设计阶段就明确了引入专业第三方机构参与全省普查质控工作的工作思路。根据河北省实际情况，省普查办共引入 5 家第三方机构参与省级质控工作，其中 1 家负责整体质控，4 家分行业质控，分别负责《河北省普查实施方案》中明确的钢铁、石化、焦化、火电、水泥、原料药、集中式污染治理设施、生活源、移动源等普查重点行业的质控工作。

河北省普查办还通过实行专人负责制、日调度、周报告等方式，切实加强对第三方机构的日常监管，充分发挥第三方机构技术优势，确保工作质量，真正做好全过程质量控制，获取真实有效的普查数据。

（2）先试先行搭桥铺路

搞好污染源普查的试点示范工作，是提高普查工作质量的关键。通过试点工作积累经验教训并形成一套科学的工作规范和程序，指导全面工作，可大大提高普查的效率，全面提高普查的质量。河北省各试点地区遵循先行先试的原则，为各项普查工作起到了推动的作用，特别是对钢铁和焦化等重点行业的报表填报、数据采集和数据审核起到了全省示范作用。

国家普查报表试填报征求意见阶段，河北省普查办组织 5 家省级技术支撑单位分赴各市、县开展普查报表试填试报工作。共分 14 个小组，深入 11 个试点县及火电、钢铁、水泥、焦化等 14 个重点行业普查对象的代表型企业，选取了 33 家企业，根据《关于印发第二次全国污染源普查制度的通知》（国污普〔2018〕15 号）的要求，进行了试填报。在试填报过程中，按照普查表内容，认真梳理填报思路，现场核实企业排污方式和排污节点，逐一填报普查指标，并审核指标的准确性、可靠性及全面性。通过试填报，有针对性地进行了普查制度解读、答疑工作。河北省普查办还编制了《河北省第二次全国污染源普查工业报表填报说明及行业案例》，建立了行业覆盖全、内容清晰、易学易懂的企业填报案例库，用最快的速度、最标准的做法指导各级普查员和企业掌握普查数据的填报方法，为全面大规模入户普查解压增效。同时，通过及时总结试点地区填报过程中遇到的重点难点问题、各类型企业填报普查表所需时长等，在将填报修改意见上报给部普查办的同时，为合理制定下一步工作计划提供了依据。

（3）多措并举高效审核

河北省牢固树立主体责任意识，积极发挥主观能动性，紧抓"真实、准确、全面"的工作目标与"宏观把握、中观比较、微观细核"的审核要领，通过系统审核、人工审核、绩效审核、集中会审等方式，聚焦问题整改，富有创造精神地推动全省污染源普查数据审核与质量提升工作。

1）系统每日自动审核

河北省充分运用信息技术，自主开发污染源环境管理数据平台，依据《第二次全国污染源普查质量控制技术指南》中普查基层表式审核细则，结合河北省实际，进一步细化数据审核规则，在系统中设置了必填项、数据逻辑关系控制等功能。充分发挥平台数据审核子系统功能优势，将国家集中审核发现的共性问题——数值合理区间、数据逻辑关系、核算疑似遗漏等规则嵌套进自动审核系统，拓展审核细则，提高数据质量要求，让问题"看得到、找得着、改得了"，让问题整改"能统计、能反馈、能核实"。通过系统实时审核普查数据的全面性、规范性、完整性，统计填报完成率、错误率、入专网率，包括填报对象是否全面、必填指标是否填报完整、指标填报的数据类型是否规范。将自动审核发现问题和异常数据形成的问题清单实时通知，督促当地普查员和普查指导员整改，同时通过系统及时掌握入户调查工作进展动态，为调度和通报打好基础。自动审核功能于 2018 年 11 月 2 日正式上线，每天对全省的普查数据进行至少 1 次自动审核。截至 2019 年 12 月，系统累计审核普查对象 13 394 万次，平均每个普查对象审核 457 次；共发现了 6 151 个待整改、待确认指标，平均每个普查对象待整改、待确认指标 210 个。系统自动生产问题清单并短信通知相应人员进行修改。据不完全统计，修改次数共 744 万次，平均每个普查对象修改 25 次。

2）系统多级人工审核

针对自动审核功能无法识别的数据问题，河北省普查办结合实际审核流程，组织研发了系统人工审核功能，供各级普查办人员在系统内对普查数据进行人工审核，以加强质量控制。河北省组织各市、县及省级技术支持单位，利用污染源环境管理数据平台审核功能，每日在系统内进行人工审核。编制了《河北省污染源环境管理数据平台操作手册》，明确人工审核操作流程，要求根据审核规则，结合经验，判断数据的合理性、准确性。对发现的问题，以电子表单的形式在系统内将问题"整改通知单"实时下发至普查指导员和普查员，要求其在 3 天内完成整改，并填写"整改确认单"反馈给所属普查办进行确认。同步执行问题限期整改制度，确保问题整改率：发出整改通知单后 3 日未改预警，再 2日后还未改警告，又 1 日后仍未改进行通报督办。全省人工审核率为 95%，省、市、县三级共下发整改通知单 127.08 万份，各县（市、区）反馈整改确认单 121.21 万份。措施到位，整改及时，有效提高了普查数据质量。

3）全方位宏观绩效审核

河北省普查办创新宏观绩效数据审核方法，编制了《河北省第二次全国污染源普查数据汇总阶段审核工作方案》，指导行业宏观审核有序实施。行业宏观数据审核方法，首先选取占河北省能耗或污染物排放总量 70% 以上的 68 个行业作为工业源主要审核对象。采用相关性分析和绩效分析相结合的方式，分行业对原料、产品产量、工业总产值、能耗、水耗、污染物排放量等指标数据进行行业绩效分析，计算相关系数。通过相关系数，选出相关性最好的指标组合进行行业绩效分析，用偏差法筛选出存疑数据。其次通过两种方式下发：一是将行业宏观审核问题清单分地市进行汇总后，由河北省普查办将审核发现的问题，以"宏观数据审核问题清单"的形式下发至各地市，由各地市汇总区域内县（市、区）核实整改情况。二是通过河北省污染源环境管理数据平台，将审核发现的问题，以"整改通知单"的形式下发至普查对象，由其进行核实整改。整改期限均为一周。最后河北省普查办有针对性地对各地市反馈结果进行统计、抽查、分析。河北省共完成了五轮行业宏观审核工作，总计发现问题 52 613 条，最终整改完成率达到 100%。行业宏观绩效审核工作的深入开展，全面把控了重点排污企业，对河北省普查数据质量提升起到了明显的促进作用。

4）多层多维质量会审

河北省普查办围绕保障普查工作完成、强化普查数据审核、确保普查数据真实准确的原则，多次组织开展会审工作。一是组织各地市对入户调查数据进行集中会审，通过评价报告的形式，分区域对重点行业展示了数据汇总与分析情况，分享了通过宏观审核与行业审核发现异常数据与存疑错误的方法与思路，并针对各自的评价报告与参会人员进行集中会审，博采众长、群策群力，进一步查错补漏，审核各类源关键指标的真实性，分析不同报表指标间的逻辑关系，判定不同行业核算排放量的合理性，确保全省数据审核与产排污核算工作思路清晰、步骤齐全、结论准确、有源可溯；二是针对钢铁、焦化、水泥等重点普查对象，聘请相关的行业专家，依托"河北省污染源数据管理平台"，对行业的基础数据、核算结果等进行审核，并在"河北省污染源数据管理平台"发送问题整改通知，指导地方普查机构对问题进行核实整改；三是组织农业农村、水利、住建、统计等多部门，对普查数据进行多轮会商，将普查数据与统计、农业、行业协会等部门提供的社会经济、能源消费、环境统计等相关数据进行对比分析，分析差异原因，查找填报问题，及时整改纠错，提升数据质量。

5）质控抽查纠偏匡正

河北省普查办多次组织省级技术支持单位共同研究河北省第二次全国污染源普查质量控制总方案，钢铁、石化、焦化、火电、水泥、原料药、集中式污染治理设施、生活源、移动源等行业普查对象的质量控制方案。组织开展了省级质控抽查工作，分行业、分区域对全省污染源普查入户调查进行质控抽查，采用系统数据审核和现场抽查调研两种形式，重点对普查表填报的真实性、逻辑性和完整性进行核实。质控抽查共通过系统抽查企业 5 444 家，现场抽查企业 286 家，由河北省普查办将各地市问题清单及整改建议汇总整理后以通报形式下发各地市，要求对照清单立即整改，做到举一反三，及时纠偏匡正。通过重点行业的普查数据审核，达到以点带面的效果，全面提升全省普查数据质量。同时，通过实地抽查发现新问题、核实老问题，为指导全省污染源普查数据审核工作提供新方法、好经验，切实提升普查数据质量，守住全省普查工作的"生命线"。

6）分段督导及时督办

河北省普查办分阶段对全省普查工作进行督导督办，将阶段性重点工作完成情况作为督导督办的重点，先后组织 4 次异地"交叉互查"，对发现的问题及时移交当地整改，实行台账管理，挂账督办，确保问题全部整改到位。同时"以督代训"，对各地有针对性地进行政策要求、技术规定解读、答疑，并结合当地实际情况，指导各地因地制宜地开展工作。组织开展全省入户调查工作督导检查，分成 3 个督导检查组，组织 400 余人，对 13 个地市的 26 个县（市、区）进行督导检查，深入不同规模 10 余个行业进行全流程现场填报演练。督导检查组坚持问题导向，弱化会议汇报，强化实地勘察，将时间集中在问题解决与指导交流上，深入企业了解生产工艺流程、核实排污节点、核对普查报表填报信息，从普查一线紧抓普查表填报进度及质量，及时发现、分析普查工作中存在的质量问题，提出整改措施和建议。

7）质量核查严格要求

河北省普查办坚持全过程核查、分级核查、抽样核查的原则，根据普查工作总体安排和进展情况，先后组织检查组分赴 13 个地市进行交叉互查，共完成了 6 轮省级质量核查，包括前期准备、"两员"选聘及管理、清查、入户调查与数据采集、数据汇总等环节，并编制质量核查与评估报告。根据核查结果，召开省级质量核查工作汇报会，河北省普查办对各地市进行了通报，激励先进、鞭策后进。通过多轮质量核查，保证了全省数据质量。最终，在全体普查人员的努力下，全省企业家数错误率由最初的 79.3% 下降至 0.58%，普查指标差错率为 1.79%，符合国家规定指标差错率小于 2% 的要求，顺利通过国家质量核查，并得到了国家普查办的高度肯定。

5.1.3　质量评估机制

从第二次全国污染源普查开始之初，河北省普查办就采用引入第三机构全程控制普查工作质量，在严格落实国家各类质量控制规定的同时，制定了《河北省第二次全国污染源普查质量控制工作方案》《河北省第二次全国污染源普查数据审核方案》等质控要求，确定了河北省的质量评估标准，每个阶段均经评估达到质量要求后，再进入下一阶段工作。

在普查数据收集过程中，河北省普查办采用聘请第三方机构的形式，对河北省第二次全国污染源普查工作进行全面质量评估，分阶段、分类别制定河北省第二次全国污染源普查质量评估标准，对前期准备、入户调查、数据采集和数据汇总审核阶段实施全过程质量评估，并形成质量评估报告。定期根据质量保证的执行情况、质量控制的关键节点，对普查数据从精确度、准确度、可比性和完整度 4 个方面进行系统评估，注重数据在采集、录入、审核、修改和汇总的过程中是否按照普查的标准、制度等规定严格执行，评估取得的普查数据是否达到质量目标，能否如实反映现实状况，是否对未来普查数据的应用具有有效性支持。

5.2　工作经验总结

河北省第二次全国污染源普查工作多次受到生态环境部和河北省政府的认可和肯定。生态环境部副部长赵英民在华北片区第二次全国污染源普查质量提升指导工作现场调度会上充分肯定了河北省第二次全国污染源普查工作。内蒙古、广东、浙江、陕西、江西等省（自治区、直辖市）陆续到河北省开展了调研和学习，对整体工作思路和质量管理方法表示高度认同。河北省自主研发的普查系统多次受到部普查办及兄弟省级行政区的赞扬，并在全国多个省份（广东、内蒙古、宁夏、江西、山西、浙江、湖南、甘肃、辽宁等）进行了应用。由于普查工作在全国领先，主要负责同志多次在全国性会议上做经验交流。

5.2.1　组织实施

（1）领导重视部门联动

河北省委、省政府高度重视第二次全国污染源普查工作，将普查工作列入省委 2019 年工作要点，并由省领导多次亲自安排部署。河北是全国唯一采用"双主任制"的省（自治区、直辖市），由两名副厅级干部分别兼任普查办主任、副主任，亲自调度普查工作。特别是在机构改革过程中，做到了"队伍不散、人员不减、工作不乱"。全省各市、县普查办均向地方政府及局党组做了专题汇报，强调普查工作重要意义。同时，河北省明确要求县（市、区）"一把手"亲自关注普查数据，将基层工作抓实抓好。河北省生态环境厅充分发挥牵头作用，与统计、农业农村、水利等成员单位构建了各司其职、各尽其责、部门联动、齐抓共管的良好工作机制。在前期准备、清查建库、入户调查与数据采集、数据汇总与质量提升重点阶段，多次联合开展了技术培训、质量核查、集中会审、数据会商等工作，共同促进全省普查工作开展。

（2）健全责任考核机制

河北将污染源普查纳入对各地市政府、相关省直部门重点工作目标考核和省生态环境厅对各地市生态环境局绩效目标考核内容，制定了《河北省第二次全国污染源普查工作考核办法》，明确了各级人民政府是污染源普查工作的主体，对机构组建、日常工作、重点工作推进情况实施年度考核，通过考核压实责任，做到一级抓一级、层层抓落实，充分发挥考核指挥棒作用，逐级压实普查责任。

（3）凝聚多方技术力量

成立专家库。为确保全省污染源普查工作的科学性、规范性和准确性，在全省征集污染源普查相关专家，成立了由全省相关行业 31 名专家组成的河北省第二次全国污染源普查专家库，为普查工作的开展提供全流程、全方位的技术支撑。

成立培训团队。为保证入户调查工作的高度统一，确保普查技术规范能够传到基层，河北省普查办依托专业师资力量，建立普查技术团队。结合河北实际情况，培训团队分行业负责，在全省拉网式开展普查各项专题技术培训，针对普查表填报指标，结合行业主要产品、生产工艺、产排污情况等信息，对钢铁、火电、水泥、焦化、制药等重点行业普查表填报注意事项进行单独讲解，加强普查制度的学习。

成立质控团队。为提高普查工作的科学性、规范性、准确性和真实性，河北省特聘请地方机构对河北省第二次全国污染源普查工作的全过程进行技术指导和质量控制。本着"全面贯穿和不漏、不错、不重"的原则，在河北省普查办的组织下，第三方质控团队对河北省第二次全国污染源普查工作的全过程进行技术指导和质量控制，及时识别并消除影响普查数据质量的各类因素，保障普查数据质量。

5.2.2　调度督办

（1）公开约谈压责任落实

根据《河北省第二次全国污染源普查工作考核办法》，河北省生态环境厅充分发挥考核指挥棒作用，逐级压实普查责任。会同邯郸、保定两市普查办对存在清查进度迟缓、漏查误报突出、质量核查错误率高等问题的邯郸市永年区、保定市清苑区、蠡县政府进行公开约谈，有力地推动了普查责任的落实。

（2）调度通报促工作推进

每日通报制度。在入户调查、产排量核算及数据审核等重要时间节点，河北省普查办每日通过"河北省污染源普查领导工作群"通报各地工作进度，提出工作要求，传导工作压力，确保普查工作按时序进度推进。入户调查阶段，对各地市普查报表填报完成率、审核错误率和整改进度每日通报。产排污核算阶段，对审核通过率和核算完成率较低的地市每日预警。数据审核阶段，每日通报国家规则审核错误率、人工审核率及与相关部门数据偏差较大的地市，加快了各地整改进度，提升了数据质量。

定期调度制度。将阶段性重点工作作为调度内容，推动相关责任落实。先后 13 次组织召开现场调度会，对阶段性问题进行调度，安排部署下一步工作。分阶段针对入户调查前准备工作、数据采集、污染物排放量核算、普查对象查漏补缺、数据汇总审核及数据整改落实情况进行全面调度，并及时向各地市政府下发通报，对工作开展好的给予表扬，对工作滞后的通报批评。在最后数据审核阶段，先后召开了 4 次数据审核调度会，组织了多轮次的数据核实整改，并要求各地市先后进行了 2 次与地市级相关部门数据会商上报工作，最终普查结果经各地市政府认定后上报，切实压实了各级政府污染源普查的主体责任。

（3）以督代训抓整改落实

入户调查数据采集期间，组织开展全省入户调查工作督导检查，分成 3 个督导检查组赴全省 13 个地市及雄安新区，选取了 26 个县（市、区）进行了督导检查。督导检查组坚持问题导向，弱化会议汇报、强化实地勘察，将时间集中在问题解决与指导交流上，深入企业了解生产工艺流程、核实排污节点、核对普查报表填报信息，从普查一线紧抓普查表填报进度及质量，保障了采集数据的准确。通过组织全省 400 余人，深入大、中、小型的 10 多个行业 35 家企业进行全流程的现场填报演练，做到了人人是普查员、人人是指导员，在实践实干中为全省培养了一大批骨干力量。此外，分阶段对普查工作进行督导督办。将阶段性重点工作完成情况作为督导督办的重点，对发现的问题及时移交当地整改，实行台账管理，挂账督办，确保问题全部整改到位，以督代训指导各地因地制宜地开展工作。

5.2.3　创新机制

（1）研发系统助力普查

针对河北省环保形势严峻、基层普查人员少、工作强度大的特点，河北省在全国率先自主研发了清查填报系统和河北省污染源环境管理数据平台，辅助和补充国家普查系统功能，有效提高了工作效率，强化了质量控制。

河北省污染源环境管理数据平台，运用信息化手段实现了数据管理、综合查询、进度统计、自动审核、人工审核、统计分析、区域和专题评价报告自动生成等功能。通过数据查询功能，与国家系统对接，实时掌控各级填报进度，对数据录入、整改完成情况等实时统计，为"日调度"机制的实现提供技术保障；通过数据审核功能，将完善的 2 700 余条数据审核规则嵌入系统，对全省数据开展自动审核和人工审核，实现"问题清单"的自动下发及在线反馈；通过数据统计功能，按区域、行业、流域等多维度进行数据统计分析，实现了省、市、县三级评价报告和 18 类专题报告的自动生成、下载与上传。通过评价报告可快速了解不同区域各类污染源基本信息及污染物排放等情况。依托评价报告开展宏观审核，重点审核关键指标排序前 20 名企业，通过合理性分析追本溯源；答疑平台，定期上传相关答疑文件并支持在线答疑功能，实时掌控各市、县普查办上报疑问，并作针对性回复，确保"件件有答复，事事有回应"。该平台的研发大大提高了工作效率和数据质量。

（2）创新方法立体审核

基于河北省污染源环境管理数据平台，构建了"点、线、面"三位一体的审核格局，通过平台自动审核及人工审核两种方式守好"企业点"，通过行业审核和绩效审核两种方式把好"行业线"，通过评价报告和宏观比对两种方式控好"区域面"。

守好"企业点"：河北省将"系统审核"与"人工审核"同步应用，运用自主研发的污染源环境管理数据平台，结合本省实际情况，梳理、确定数据审核细则，实现海量数据的自动审核，有效地提高了全省数据审核效率；在人工审核方面建立了"整改确认单制度"，实现了发现问题数据、添加审核意见、生成《整改通知单》、开展整改，填写上报《整改确认单》的闭环留痕管理模式，确保了问题的整改落实到位。

把好"行业线"：河北省针对钢铁、水泥、火电、焦化、印染等 14 类重点行业企业编制了专题报告模板，嵌入污染源环境管理数据平台实现自动生成，通过专题报告的汇总、统计、排序等开展行业审核，将行业企业问题清单由省平台直接下发至企业，汇总清单下发各地市，把好"行业线"。

控好"区域面"：河北省编制了区域污染源评价报告模板，嵌入平台，实现省、市、县三级评价报告的自动生成，并以能源、资源消耗量与排放量等指标对企业进行排序，重点关注前 20 名企业。通过自下而上把控大户企业，实现对全省数据的总量把关。从宏观层面考察区域、行业总体数据的合理性，再逐级溯源发现具体问题，真正做到了宏观审核有抓手。

（3）完善数据评估机制

加强数据评价，完善数据质量评估机制和管理制度，是保证普查工作质量的关键。在第二次污染源普查中，河北省普查办首先明确了全程控制的重要性，并以之作为普查工作的指导思想。与此同时，兼顾重点对象控制，二者互相结合，相辅相成。在数据质量评估方面，一是采取了内部评估和外部评审相结合的办法来提高数据质量，主动聘请第三方专业机构参与到评估工作中来，在填补专业人才缺口的同时，也有助于政府普查数据公信力的提升。二是建立和完善行之有效并符合自身实际情况的数据质量评估体系。制定全方位的制度和方法，规范数据采集、录入处理流程。注重全过程管理，完善对数据采集过程中关键环节的审核与验收，坚持用定期市级互查和省级抽查的方法确保数据质量。三是依托省平台，建立了一套先进的符合自身实际的普查数据质量评价体系。实现了对普查数据全方位的实时动态分析评价，有助于依据上一阶段的评价结果不断进行改进，从而使普查数据得到持续不断地完善，最终得出一套科学合理、经得起推敲的普查结果，为全省加强污染源监管、污染治理、改善环境质量、防控环境风险、服务环境与发展综合决策提供依据，更能通过本底数据为全省产业结构优化、发展质量提升提供有力支撑。

6　上海市

普查成果质量决定普查工作成败。上海市第二次全国污染源普查领导小组高度重视普查质量控制工作，将其作为普查工作质量的重要抓手，贯穿普查工作全流程各环节。积极探索创新，结合自身管理需求，采取有效质控举措，指导各区建立覆盖全源、全员、全过程的质量管理体系和制度，并负责监督实施，细化报表填报、数据采集、总量核算的技术要求，规范成果展现内容和形式，确保了普查工作手势统一、内容全面、工作完整。通过整体部署、滚动实施、动态完善等技术手段和工作方法，推动、强化普查质控工作做实、做深、做细、做好、做出成效；聚焦普查质控工作的关键环节和重要节点，强化全过程技术支撑和能力保障，全面提升普查工作质量，严守数据质量安全底线。

在全体普查人员的共同努力下，上海市第二次全国污染源普查工作成效显著，成绩优异。清查工作质量得到了时任生态环境部部长李干杰的表扬，产排量核算阶段各类污染源审核通过率和核算完成率持续名列各省（自治区、直辖市）前茅；普查数据质量核查全国排名第二，全面实现了"高标准、严要求、争一流"的普查质控目标，充分展现了上海普查质控工作路径和方法的专业性、系统性、科学性、创新性和有效性。

上海市在第二次全国污染源普查质控工作中，形成了鲜明的特色亮点：一是突出重点阶段，开展全过程质量控制；二是梳理关键环节，确立质控工程流程；三是狠抓责任落实，建立"五级"质控责任体系；四是强化过程管理，明确六大质控要点；五是聚焦数据审核，构建"八步曲"质控体系；六是坚守质量底线，把控"十面"重点对象；七是统筹各方力量，全市质控审核"一盘棋"；八是建立审核制度，明确内部审核责任分工；九是强化确认制度，确保报表数据真实可靠；十是依托信息化手段，构建普查信息综合管理平台；十一是"举一反三"整改，实现问题管理全面闭环；十二是立足管理需求，新增本地化特色普查项目；十三是强化结果运用，支撑生态环境管理决策；十四是完善工作闭环，开展普查质控"回头看"。

6.1　质量管理工作开展情况

6.1.1　清查阶段

（1）清查数据审核与会审

上海市普查办规范清查数据质控流程，各级普查人员全面落实质控要求，严格执行审核程序，通过逐级审核、交叉审核等方式确保清查表内容完整规范、数据准确可靠。

上海市普查办召开了第二次全国污染源普查清查数据部门联合会审会议。上海市普查办主任、市生态环境局有关负责人及市经济信息化委、市交通委、市农业农村委、市税务局、市水务局、市市场监管局、市统计局、市绿化市容局、城投集团有关负责人和市生态环境局监测处、大气处、水处、辐射处有关负责人共同参加了会议。上海市各委办局、各相关处室参会人员对普查清查结果表示认同，并根据实际工作中掌握的情况分别提出了以下建议：一是在下一阶段普查工作中进一步核实工业企业实际情况，增减普查名录库；二是确定各类入河（海）排污口统计口径，确保不重不漏；三是核实工业企业内部生活源锅炉主要功能，明确工业锅炉和生活源锅炉填报。

（2）清查质量核查与评估

1）自行核查与评估

根据《关于第二次全国污染源普查质量管理工作的指导意见》（国污普〔2018〕7号）、《关于做好第二次全国污染源普查质量核查工作的通知》（国污普〔2018〕8号）的要求，上海市普查办印发了《关于开展上海市第二次全国污染源普查清查质量核查工作检查的通知》（沪污普〔2018〕12号），制定了《上海市第二次全国污染源普查清查质量核查技术要点及评估标准》，分市、区两级开展清查质量核查工作，对普查员与普查指导员选聘与培训质量，质控体系建立情况〔镇（街道）、村（居）、工业园区普查小区责任人信息、清查质量控制方案制定、质量控制和内部审核机制建立情况〕等进行检查；采用地理信息手段（如MapInfo、ArcGIS等），比对各村（居）委会行政区域和104个工业地块地域范围划分情况，核实普查小区划分的准确性与完整性，复核普查小区代码与名称的准确性和合规性，并对各普查小区的工业源、农业源、生活源锅炉、入河（海）排污口、集中式污染治理设施清查表单、汇总表格等清查数据及结果开展内业审核和现场核查。

上海市、区两级普查办在辖区范围内对1 159个核查区域，15 282个样本开展清查数据质量核查与评估，样本总体合格率达98.8%。经评估，各区普查员与普查指导员数量、清查质量控制体系建设、普查小区划分情况等均满足国家清查技术要求。与此同时，上海市普查办将清查质量核查结果以发函形式向16个区普查办进行通报，指出了各区问题所在，明确了整改要求。各区普查办在限期内按要求进行整改，并向上海市普查办提交了整改反馈报告。

2）落实国家清查质量核查整改要求

部普查办对上海市污染源普查清查质量管理工作、清查单位名录库筛查、清查报表填写等情况开展检查，并对浦东新区、嘉定区和宝山区开展了现场抽查。检查组对上海市普查清查结果、清查工作质量等给予了高度认可。对于发现的普适性问题，上海市举一反三，全面落实整改，清查数据质量获得进一步提高。

（3）清查数据"回头看"

上海市普查办印发《关于开展第二次全国污染源普查清查数据自查工作的通知》（沪污普〔2018〕20号），分市、区两级开展清查数据自查自审，将清查数据与"第一次全国污染源普查"数据、清查底册、学校医院名录、违法违规建设项目清理名单等比对，并和水务等部门开展联合会审，确保清查数量不重不漏、真实准确。

6.1.2　普查阶段

（1）数据审核

1）入户调查数据审核

按照《关于做好普查入户调查和数据审核的通知》（国污普〔2018〕17 号）的要求，上海市普查办印发《关于全面开展第二次全国污染源普查入户调查和数据审核工作的通知》（沪污普〔2018〕17 号），制定入户调查和数据采集规范化工作流程，全面启动入户调查工作。市、区两级普查机构有效落实各项要求，对普查员、普查指导员开展分级培训。2018 年 11 月，各级普查员按规范流程全面完成入户调查工作，12 月 12 日各类污染源普查数据全部录入环保专网。

入户调查和数据采集过程中，普查员、普查指导员持证上岗，现场指导入户调查对象开展数据填报，利用移动数据采集终端确认或补充采集相关地理坐标信息，采集内容包括普查对象地理信息、排放口信息、四至边界信息等，采集率与关联率均为 100%。填写"数据采集流程控制清单""入户调查质量控制清单"，各类数据报表完整规范、佐证材料齐全，数据来源真实可靠。农业源、生活源和移动源综合报表数据分别由上海市农业农村委、市住房城乡建设管理委、市公安局等委办填报或提供，相关材料档案齐全，信息完整。

上海市普查办根据国家报表制度、技术规定和质量管理要求，制定印发了《上海市第二次全国污染源普查入户调查和数据审核质量控制方案》（沪污普〔2018〕19 号），建立普查对象—普查员—普查指导员—区普查办—市普查办五级质量控制责任体系，建立数据溯源制度，分市、区两级开展入户调查数据审核，审核过程中填写的"数据审核工作日志""普查对象抽样数据质量控制表""污染源普查报表填报质量评估表""行政区数据质量控制表"等均按区规范归档。

2）产排量核算数据审核

根据部普查办《关于开展工业企业产排污系数试算工作的通知》《关于印发〈第二次全国污染源普查产排污核算系数手册〉的通知》要求，上海市普查办召开产排污核算工作动员及技术培训会，组织开展全市范围试算工作。每区选择 3 个行业，每个行业选择 1~3 家企业，全市共计对 21 个行业、144 家企业进行了试算，涉及 900 个工序核算结果的比对。

为确保污染物产排量核算工作质量及进度，上海市普查办建立调度督办机制和各区联络人 A/B 角制度，每周召开工作例会，明确下周工作重点及现场指导要点；联络人前往各区现场参加工作例会并指导核算工作；各区普查办按要求倒排工期，挂图作战、狠抓落实。通过市、区两级共同努力，2019 年 5 月 24 日至 27 日，上海市排放量核算完成率达到 96.9%，位列全国第一。截至 2019 年 10 月，上海市污染物排放核算工作全面完成。

污染物产排量核算期间，上海市普查办对市管企业和环统企业等开展全覆盖跟踪审核，关注"四同"组合和参数选取是否准确可比，核算环节是否完整全面，核算结果是否合理有效，归纳总结共性问题，及时分享经验做法，有效提升了区级质控人员对辖区内普查对象核算结果自查自审的工作效率。

3）普查数据审核

制定方案，逐级审核。上海市普查办印发《关于开展上海市第二次全国污染源普查数据审核的通知》（沪污普〔2019〕3号），分市、区两级开展普查数据审核，对指导员开展内业审核和现场抽查，持续开展数据质量提升，分区编制《普查汇总数据审核报告》。

国家审核工具审核。上海市、区两级普查办充分利用国家普查软件系统中强制审核和提示性审核规则、Access审核工具，对全市五类源数据开展自查自审自纠，对发现的问题逐一核实并落实整改，数据质量得到有效保证，全市农业源、集中式污染治理设施、生活源及移动源强制性审核和提示性审核通过率均为100%，工业源强制性审核和提示性审核通过率均达到99%以上。

市补充审核工具审核。在国家审核工具的基础上，上海市补充制定了670余条本地化审核规则，采用信息化手段同步开展汇总数据审核工作，累计发现问题近4万条，向各区下发整改要求近百批次，经二轮复核，全面完成整改。

4）落实国家数据审核整改要求

部普查办对上海市各类普查数据开展分批审核，先后下发22个批次整改要求，累计下发问题2.7万条，经核实需整改问题1.6万条，上海市普查办组织各区在规定时限内全面完成整改。同时，各区普查办利用国家下发的Access审核工具，进一步开展数据自查自审工作，对发现的问题逐一核实并落实整改，数据质量得到有效保证。

（2）名录核实比对

为进一步确保普查对象不重不漏，根据《关于开展污染源基本单位名录比对核实工作的通知》（国污普〔2019〕4号）和《关于做好本市污染源基本单位名录比对核实工作的通知》（沪污普〔2019〕2号）的要求，上海市开展了污染源基本单位名录库比对核实工作。

上海市普查办将普查名录数据与第四次全国经济普查清查名录，2017全年用电、用水大户工业企业名单，农业农村部畜禽规模养殖场直联直报名单，应急信访名单等进行了比对，共下发各区各类来源不匹配企业名单2380家，其中"四经普"名单305家，用电大户39家，用水大户99家，直联直报规模化养殖场177家，应急名单199家，信访名单770家，排污许可名单26家，环境统计企业名单128家，重污染天气应急预案名单227家，监测计划和重点排污单位名单368家，查漏补缺名单31家，国家下发工业源挥发性有机物名单8家，环保督察排查名单3家。

在市级下发存疑名单的基础上，各区主动开展本区多源数据比对工作，如重污染天气应急名单、环保核查、重点排污单位、区信访、应急、危险废物企业备案名单等，对疑似遗漏企业开展现场核实。

通过市、区两级多源数据比对，上海市共增补普查对象191家，其中33家工业源属于市级增补，其余均由各区增补。所有增补企业均完成数据填报、核算和审核工作。

（3）质量核查

1）入户调查质量核查

为规范入户调查数据核查工作，提升质量核查工作效率，确保调查数据真实、准确、全面，上海市普查办根据国家报表制度、技术规定和质量管理要求，制定印发《上海市第二次全国污染源普查入户调查数据质量核查工作方案》(沪污普〔2018〕23 号)。

市、区两级普查办通过采取内业审核、软件强逻辑审核、现场抽查、统计对比分析、联合会审等手段对入户调查普查对象的数量、基本信息与生产活动水平、空间信息、数据采集阶段审核整改落实情况等开展了质量核查。核查范围不仅包括已入环保专网的五类污染源,还纳入了根据管理需求上海新增的本地化专项调查内容(工业源本地化补充内容、施工扬尘、堆场扬尘等)。

为有效推进入户调查数据质量核查和评估工作的有序开展,上海市普查办系统科学地制定了质量核查评分细则,明确了各源重点审核评分内容和基表重点审核评分指标,设计了核查结果基础统计表、评分表和评估报告编制模板。按入户调查数据质量核查内容,设置评分项,普查对象数量审核重点考虑普查数量一致性和佐证材料的有效性;基本信息与生产活动水平数据审核重点关注各源各报表不同核查方法的审核结果;空间信息审核重点评价地理坐标信息的完整性和正确性;整改落实情况审核重点评估清查数据自查自审工作整改落实情况,数据采集阶段质量问题整改完成情况,闭环管理实现情况等。

以空间信息审核结果统计表、普查数量审核结果统计表、强逻辑审核结果统计表、整改落实情况统计表、内业审核和现场核查结果统计表、统计数据比对分析统计表等形式,将入户调查数据质量核查工作记录留痕,并在此基础上开展评分评价,以核查评估报告形式反映入户调查数据质量核查工作成果。

市、区两级普查办在入户调查阶段共对 1 252 个核查区域、51 228 个样本开展了入户调查数据质量核查,对发现的问题限期完成了整改。其中,上海市普查办向各区反馈内业审核问题表单 8 595 份,29 240 余页;现场抽查污染源总数 2 339 家,反馈问题 578 家,督促各区落实整改,责任到人,有错必究,形成闭环管理。

入户调查阶段质量核查工作为上海最终获得完整、准确、规范、合理的普查数据以及后续顺利开展污染物产排量核算阶段工作奠定了坚实基础。

2)普查质量核查

按照《关于开展污染源基本单位名录比对核实工作的通知》(国污普〔2019〕4 号)、《关于开展上海市第二次全国污染源普查数据审核工作的通知》(沪污普〔2019〕3 号)及《关于做好本市第二次全国污染源普查质量核查工作的通知》(沪污普〔2019〕6 号)等文件要求,上海市、区两级普查办分别在全市和各区范围内对 1 045 个核查区域,10 017 个样本开展了普查数据质量核查,样本总体合格率达 99.32%。其间,上海市普查办组织开展了二轮数据质量自查自纠及评估工作。

第一轮数据质量核查。按中心城区、郊区、市管企业等组别,上海市普查办采取交叉互审的方式,开展集中会审和现场核实,对"五大源"数据开展了第一轮数据质量核查。抽样核查工业源 1 207 家、农业源 17 家、生活源 29 家、集中式污染治理设施 99 家、油品储运销企业 30 家。发现问题 2 776 条,核实确认问题 2 134 条,全部按时整改到位。

第二轮数据质量核查。上海市普查办针对第一轮核查中发现的突出问题进行专题审核。抽样工业源 3 829 家、农业源 21 家、生活源 317 家、集中式污染治理设施 318 家、油品储运销企业 19 家。重点对基本信息、生产活动量水平相关的 579 个国家确定的关键指标进行核查,对存疑问题或有待考证的问题开展现场核查。全市现场核查工业源 93 家、农业源 17 家、生活源 13 家、集中式污染治理设施 13 家、油品储运销企业 20 家。第二轮质量核查共发现问题 2 529 条，全部按时整改到位。

核查期间，将关闭、关停企业纳入核查重点，通过电话、现场走访等形式，对全市停产、关闭和其他企业的运行状态的真实性开展了随机抽样核查，核查企业数量总计 164 家，核查结果运行状态全部属实。

（4）落实国家核查整改要求

第二次全国污染源普查质量核查第九核查组对上海市开展普查数据质量核查工作，共核查污染源关键指标 10 807 个，其中出现差错的关键指标 80 个，指标差错率为 0.74%。针对国家核查组在沪审核发现的问题，上海市开展了"举一反三"整改工作。2019 年 9 月中旬，结合国家第三轮集中审核反馈的问题，对 6 家垃圾处理企业在环统不在普查、VOCs 排放量核算异常等情况进行核实，并完成问题核实整改。

（5）汇总审核

根据部普查办《关于做好普查数据汇总审核对比工作的通知》要求，上海市普查办对各类污染源普查数据汇总结果开展审核。上海市普查办会同市农委及相关技术支撑单位对农业源普查数据开展了质量核查及联合会审，对各区填报的重点指标数据进行确认，对 10 家规模化畜禽养殖场及部分规模以下畜禽养殖的粪便和污水资源化利用率进行了核减，与农业农村部直联直报数据一致。

上海市召开第二次全国污染源普查数据部门联合会审会议。上海市经济信息化委、市农业农村委、市水务局、市市场监管局、市统计局、市税务局等专家对普查汇总结果表示认同，并根据实际工作中掌握的情况分别提出了相关的建议。

上海市普查办联合市环境统计工作组，开展普查汇总数据与环统数据比对审核，对工业源（废水、废气、工业固体废物和危险废物）、农业源、集中式污染治理设施等普查结果与环统数据进行差异分析，查找潜在原因。上海市普查办联合土壤处、生态处、水处、海洋处、市固体废物中心、上海市环境监测中心等局属相关处室和单位，开展固体废物和危险废物、水污染物、大气污染物、生活源数据集中会审和确认，落实了个别活动水平存有差距数据的复核与整改。

上海市普查办根据农业、统计、住建、公安等委办提供的社会经济活动水平数据及生态环境部门提供的环境统计数据等，对普查数据开展逻辑性和合理性比对分析，编制完成了《上海市第二次全国污染源普查汇总数据审核与对比报告》。市、区两级普查办针对发现的问题，排查了具体原因，明确了整改措施，并全部落实到位。

（6）数据质量提升

参加部普查办在嘉善举办的华东片区普查数据汇总评估及质量提升指导工作培训会，认真学习领会赵英民副部长在华北片区会上的讲话精神，根据开展"解剖麻雀"达到质量提升工作要求，围绕加强数据审核、产排量核算工作，做好全市污染源排放量核算方法的技术培训与指导，增加本地化审核软件的开发使用，推进"两率"（即数据审核率和污染物产排量核算完成率）工作按时、保质、保量完成。

　　1）提高政治站位，加强组织领导

　　上海市普查办主任、市生态环境局罗海林副局长主持召开污染源普查工作推进会议，要求全市深入贯彻落实赵英民副部长讲话精神，切实提升普查数据质量。上海市普查办建立了"一对一"和各区联络人 A/B 角制度，指导推进各区质量提升工作，做到全市一盘棋。

　　2）开展产排量试算，摸清填报问题

　　上海市下发《关于开展工业企业产排污系数试算工作的通知》，要求各区利用部普查办下发的工业源等《产排污系数手册（试用版）》，选取典型行业开展系数法试算，并与排污许可、监测数据法等进行比对，检验不同方法下污染物产排量的差距。全市共试填企业 144 家，涉及产排污环节及指标 900 个，对系数缺漏等填报问题也进行了汇总分析。

　　3）举办专项技术培训，全面推进产排量核算

　　召开全市技术培训会，对产排污系数核算方法、普查污染物核算模块操作等内容开展培训。加强对各区及相关企业的现场技术指导，加强核算工作督查和调度。

　　4）加强数据审核，提升质量

　　利用国家普查软件的审核功能开展强制性和提示性审核，同时研究增补上海市普查审核细则 670 余条，开发上海市补充审核软件，累计下发各区整改问题近 4 万条，经两轮复核，全面完成整改。上海市在全国"强审通过率"和"核算完成率"调度中，一直名列前茅。

　　上海市与部普查办进行数据对接，现场复核并落实国家整改要求与建议，普查数据质量得到进一步提升。

6.2　工作经验总结

6.2.1　突出重点阶段，开展全过程质量控制

　　上海在污染源普查过程中，贯穿"事前、事中、事后"全过程质控管理模式。准备阶段、清查及入户调查为事前阶段，是污染源普查的最基本环节，制定了计划目标，建立了污染源普查名录；产排量核算和数据审核作为事中阶段，是污染源普查质量控制的核心，采用多种手段完成数据的全面校核，及时反馈、及时整改；数据质量核查与"回头看"作为事后阶段，是污染源普查成效的巩固和提高环节，全方位保障汇总数据的合理性，同时总结经验与不足。

　　（1）事前阶段

　　事前阶段强调前期准备和基础性工作的重要性，全面构建普查基础框架。上海于 2017 年即完成了上海市普查办的组建，并明确了部门组织及人员配备和分工，落实了专用办公场所，完成了环保专网的连接，市、区两级均完成了预算申请，保证了普查工作的财政支持。在宣传动员方面，上海市普查办通过上海电视台、《解放日报》《中国环境报》、地铁和公交移动电视、上海环境微信公众号等主流媒体和分众传媒开展广泛传播和普及，扩大了污染源普查工作的社会认知度和支持度，营造了良好氛围。上海市普查办根据第二次全国污染源普查总体规划和上海市特点，适时发布普查工作实施方案与工作要点等

指导性文件。在人员管理方面，市、区两级普查办共选聘普查员 5 000 余人，普查指导员 1 000 余人，充分满足了普查工作的需求，先后召开了"两员"培训会、普查国家方案、上海市实施方案、2018—2019 年工作要点、清查技术规定、清查软件使用、入河排污口、生活源锅炉清查等培训数百场次，使普查员和普查指导员工作能力得到保障，做到上传下达，信息对等。

清查工作阶段，上海市普查办明确时间节点，充分发挥镇（街道）、村（居）、工业园区力量，压实各级责任，重点解决查漏问题，核实行业代码等关键信息，按时完成了所有清查和质控工作，针对问题数据和问题区域，督促反馈整改，形成闭环，确保应查尽查，不重不漏。

入户调查阶段，上海市普查办组织开展技术要求、软件使用、数据质量审核等各类培训，保障普查人员能力；同时开展工作部署，建立一系列制度，保障普查工作有序展开；强调事中、事后质控并重，强化质量管理和责任落实。在上海市普查办的统一领导、指挥和各级普查人员的共同努力下，上海市按时完成入户调查和数据录入专网工作，并完成入户调查数据质量核查与评估工作，有效地保证了前期调查数据的真实、准确和全面。

（2）事中阶段

事中阶段全面开展产排量核算、数据审核工作。这一阶段是影响普查数据质量的重要阶段，直接关系普查工作的成败。其间，上海市聚焦数据质量审核环节，找差距、查不足、抓整改、促落实。

产排量核算阶段，根据国家发布的《第二次全国污染源普查产排污核算系数手册（试用版）》及产排污核算方法与系数答疑文件，上海市首先开展污染物产排量的试算工作，安排专家组指导答疑，统一核算口径。核算过程中，上海市普查办一方面进一步建立调度和督办机制，围绕两率量化细化调度指标，实行每日一调度、每日一通报、全市排名亮红灯等方法，督促各区按要求推进；另一方面建立各区联络人 A/B 角制度，安排对口联系人每周到现场参加各区普查办工作例会并指导核算工作，针对特殊行业部分核算系数缺失的问题，加强技术研讨、统一填报口径，下沉各区，强化指导。在所有人员的共同努力下，上海市全面完成"两率"相关工作，各类污染源"两率"均排名全国前列。

数据审核阶段坚持 5 个基本原则：软件与人工相结合、以产排污核算为核心、审核方法简单易行、追踪溯源便于整改、联合多方专家群策群力。微观层面确保单个普查对象普查数据的完整、规范、真实、符合逻辑；中观层面做到分区域、分流域、分行业进行数据比对分析；宏观层面保证普查数据与经济发展水平、生态环境质量等相匹配、可解释。

数据审核阶段，除了利用不断完善的国家强逻辑系统开展审核，上海市还根据自身特点，制定本地化审核规则，开发易于操作的本地化审核软件，整体提升普查数据质量，并注重整改落实，强化结果复核和责任压实，督察督办，保障每一批的问题都得到了有效落实。同时，上海市普查办组织开展阶段性汇总数据的对比分析，与不同来源的基础性数据进行对比分析，校核基础数据，进一步提升了普查数据的正确性。系统全面的数据审核守住了普查的"生命线"，有效巩固了清查和入户调查成果。

（3）事后阶段

事后阶段，即完成产排量核算后，进入质量核查和数据定库阶段。数据质量核查工作直接影响普查数据最终质量，该阶段着重对结果的控制，分为名录数据审核、报表数据审核、汇总数据审核三部分（图

6-1)。结合前期工作经验与教训，对比工作成果与目标差距，通过全面而又有所侧重的一系列质量控制工作，发现问题，修补漏洞，保证最终数据质量。

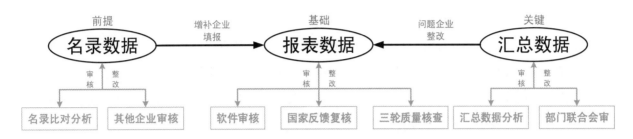

图 6-1　上海市第二次全国污染源普查事后质控工作内容

名录数据审核：名录数据正确是保证普查质量的前提。事后质控重点开展了基本名录库增补和其他企业专项审核工作，基本名录库的增补包括与各职能部门所掌握的名单开展对比，筛选疑似遗漏污染源清单，开展进一步现场核实工作等；其他企业专项审核着重开展对失联企业的确认，非生产型企业的核实等工作，确保污染源清单不重不漏。

报表数据审核：报表数据是普查的基础内容，也是质控的重点内容。事后质控对报表数据开展多轮、多种形式的审核，包括软件审核、国家反馈问题复核以及多轮质量核查等。市普查办结合前期质控经验，进一步完善审核工具，借助审核软件开展全面审核，有效提高普查报表数据质量。针对部普查办下发的多轮问题清单，上海市普查办建立问题复核流程，明确各自责任，确保下发问题全面复核、整改。在国家对上海市开展质量核查前，上海市普查办根据国家要求和上海市特点，开展了集中会审、现场抽查等不同形式的二轮质量核查，全面覆盖重点排污单位，并依照统计学方法对一般企业进行随机抽样核查。通过系列质控工作，进一步从个体角度保证了普查数据质量。

汇总数据审核：汇总数据审核是从整体层面对数据进行合理性把控，是数据质量的关键。事后质控对汇总数据开展分析比对和部门联合会审等工作。汇总数据分析是对能源消耗、经济活动水平、用水排水及各类污染物产排规律进行审核，分析区域、行业分布的合理性，进而深入挖掘问题数据，推动普查数据质量深层次提升；开展部门联合会审是普查数据定库的最后一道关卡，通过与生态环境部门相关处室、下属单位和其他委办局掌握的数据的比对分析、会审会商，确保汇总数据的准确性，复核并整改异常数据。

通过名录数据审核、报表数据审核和汇总数据审核 3 个模块，对普查数据进行了全面深入的审核与分析，有效保证了定库数据质量，顺利完成普查质量目标。

6.2.2　梳理关键环节，确立质控工程流程

上海市通过明确工作目标、强化责任落实、加强规则制定、严格成果检查等手段，坚持高标准、严要求，对普查工作进行全过程质控管理，确保普查数据真实、准确、全面。

一是开展普查工作清单式管理，明确责任单位、责任人员、工作时限、普查目标和具体措施，推进普查质控管理，形成各尽其职、协调有序的工作格局。

二是完善质控工作要求,按照普查工作的不同环节制定相应的质控措施,明确质控方案和工作流程,建立"发现—核实—整改—反馈"的闭环工作机制,监督普查工作高质量完成。

三是制定规则,聚焦普查工作中的突出问题、共性问题和薄弱环节,健全完善相应的工作方法和管理机制,从制度上、方法上规范和明确普查工作质量要求。

四是闭环管理,通过跟踪检查、复核整改、定期调度、下层调查等多种形式,统一市、区两级普查质控操作手势和工作要求,统筹跟踪任务落实和问题整改情况,及时掌握工作进展。坚持问题导向和底线思维,强化部门联动、齐抓共管,对工作推进情况、效果、存在问题等进行定期沟通和总结,适时评价和判断工作成效,持续完善普查质控,守住数据质量底线。

通过对相关质控方法、过程、要求进行提炼和总结,形成质控工作流程图(图6-2),全面指导全市16个区和1个化学工业区的普查工作。

6.2.3　狠抓责任落实,建立五级质控责任体系

上海市普查办建立"普查对象—普查员—普查指导员—区普查办—市普查办"五级质量控制责任体系,明确各级分工及责任,有效保障普查质控工作顺利开展。普查对象对所提供信息的真实性和准确性负主体责任;普查员对普查对象填报信息的完整性和合理性负审核责任;普查指导员对普查员提交的普查表单及现场抽查信息负审核责任;第三方机构对其承担的普查工作,依据合同约定承担相应责任;市、区两级普查办设立专门的质量管理岗位并明确质量负责人,各镇(街道)、村(居)委会、工业区管委会明确一名普查小区责任人;市、区两级普查办对辖区内普查数据质量负主体责任,对所选第三方机构负监督责任,对第三方机构承担的普查工作质量负主体责任;市、区两级普查领导小组对辖区普查质量管理负领导和监督责任。具体内容见图6-3。

在清查工作开展中严格遵循"谁签字、谁负责"的原则,所有材料都经相应普查对象、普查指导员、普查小区负责人、区普查办质量负责人签字及相应责任机构盖章确认后收集上报,并对普查现场拍照存档。

数据审核阶段,上海市普查办制定了适应上海实际情况的数据审核质控方案,开展集中会审,交叉审核、专家会审,整理形成本地化审核规则,制作审核软件,优化审核方式,保障审核质量,提高审核效率,有效巩固了清查和入户调查成果。通过企业自查、普查员现场核查、普查指导员审查、各级普查机构于专网抽查,层层督察整改落实,逐级开展普查数据质量管理。

污染物产排量核算期间,上海市普查办对市管企业和环统企业等开展全覆盖跟踪审核,关注"四同"组合和参数选取是否准确可比,核算环节是否完整全面,核算结果是否合理有效,归纳总结共性问题,及时分享经验做法,有效提升区级质控人员对辖区内普查对象核算结果自查自审的工作效率。

数据质量核查阶段,上海市普查办借助软件工具,多轮审核,将发现的问题下发至各区普查办,各区普查办逐级下发至普查指导员、普查员和普查对象,层层督促,修改完善后反馈至上一级复核,以此方式形成质量核查的闭环管理。

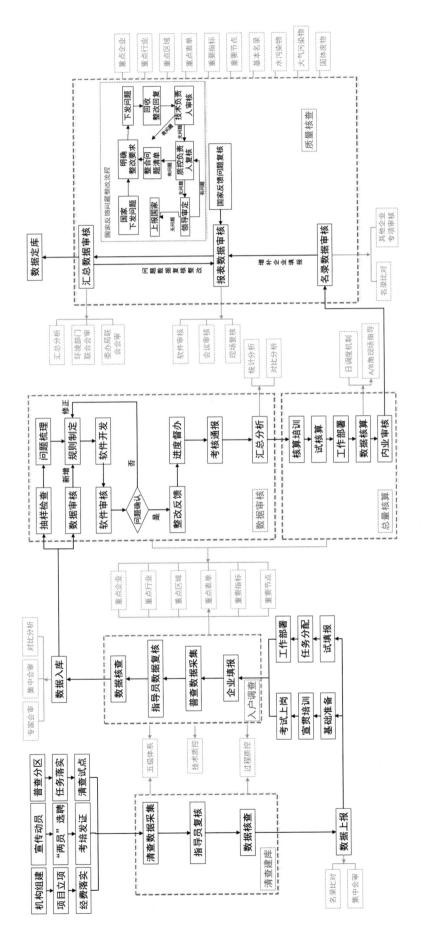

图 6-2　质控工作流程

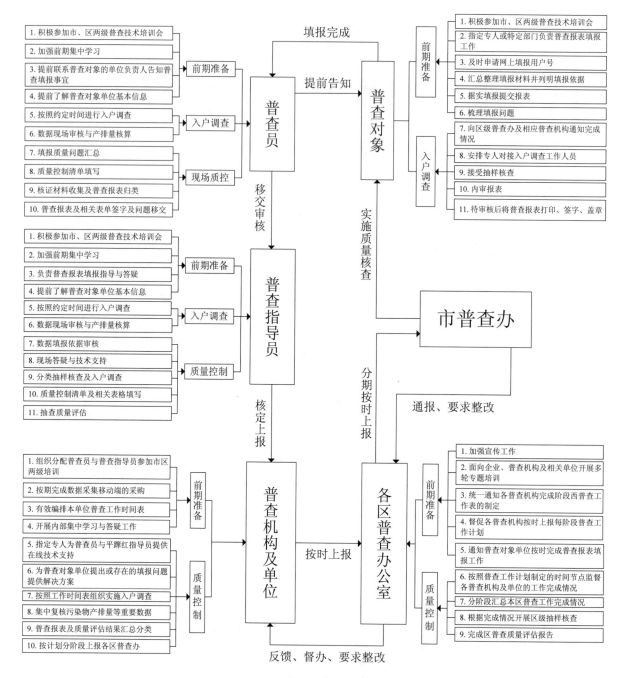

图 6-3　上海市五级质控责任体系

6.2.4　强化过程管理，明确六大质控要点

（1）能力建设，做好铺垫

全面的能力建设是普查质控工作顺利开展的前提保障。上海市有效落实普查能力建设、人员配置、第三方服务、宣传动员等工作，为质控工作的顺利开展做好充分准备。全市将质量控制贯穿普查工作全过程，建立普查工作领导小组、设立普查工作办公室、开展第三方机构招投标及"两员"选聘等工作。在落实镇（街道）、村（居）属地责任的基础上，利用第三方机构专业优势，形成普查区域全覆盖和普

查技术全渗透的互动局面，为整个普查工作打下良好的人力基础。强化市、区两级普查团队及质控团队的建设，从源头保障普查质控工作的顺利开展。同时，开展全面宣传工作，提高民众认知，调动企业积极性，配合普查工作有序推进，为提高普查数据质量做好前期铺垫。

（2）佐证溯源，有据可查

建立并完善数据溯源制度，做好普查对象填报、依据存档、数据审核工作日志、数据审核追溯等工作。保存填报依据、照片、争议性数据、增补、修改与暂定的填报记录、审核过程的"两员"签字记录等。上海市普查办不定期下沉各区，开展普查数据溯源制度执行情况检查，确保普查报表填报佐证材料完整有效，普查结果有据可循。

（3）口径统一，手势一致

上海针对清查、入户调查、污染物产排量核算、数据审核、质量核查等各个环节，制定了相应的质控方案和技术规定，编制了五类源数据审核要点、质量核查抽样审核单、质量核查评分标准与细则，明确审核关注点，便于审核结果的记录、反馈及闭环；针对全市普查员和普查指导员开展审核培训，统一质控口径、操作方法与评判尺度。

（4）手段有效，方法完善

在普查各阶段，上海市普查办持续完善质控方法，优化审核工具，有力保障普查质控工作稳步高效向前推进。清查阶段，借助地理信息手段（如 MapInfo、ArcGIS 等）对全市所有普查对象开展地毯式搜索，做到不漏不重。数据审核与质量核查阶段，在国家强逻辑审核软件的技术上，结合上海市实际情况，编制本地化审核程序，建立数据审核周循环制度，有效提高审核质量与审核效率。

（5）全面复核，层层深入

普查阶段，上海市组织开展二轮质量核查及"举一反三"整改工作，全面提升普查质量。首轮核查，全方位复核普查数据，重点关注高污染排放行业重点企业；第二轮质量核查，内业审核全覆盖，重点核查基本信息、生产活动量水平等 579 个关键指标，对存疑或有待考证的问题开展现场核查；"举一反三"整改期间，组织 20 名行业专家，对全市 400 家工业源及 35 家生活源整改完成情况开展复核，并对各区数据质量情况进行排名，督促整改落实，形成管理闭环。

（6）会审会商，准确核定

上海市普查办对五类源普查数据汇总结果开展审核对比。会同市农业农村委及相关技术支撑单位对农业源普查数据开展质量核查与联合会审；会同市经济信息化委、市水务局、市市场监管局、市统计局、市税务局等对普查汇总结果进行会审会商；联合市生态环境局土壤处、生态处、水处、海洋处、市固体废物中心、市环境监测中心等相关局属处室和单位，开展固体废物和危险废物、水污染物、大气污染物、生活源数据的集中会审和确认，落实疑问数据的复核与整改，确保整体数据准确、合理、可信。

6.2.5 聚焦数据审核，构建"八步曲"质控体系

上海市普查办在普查中主动出击，根据入户调查、数据审核、质量核查等不同阶段的工作内容和特点制定本地化审核要点和规则。数据审核阶段，编制了 135 条审核要点，670 余条审核规则，涵盖五类

源数据基本信息和产业活动水平信息，重点关注关键指标和易错点，涉及完整性、逻辑性和规范性的判定，有效补充、丰富了审核工作内容，提升了普查数据质量，构建了"数据审核—发现问题—整理规则—系统实现—软件审核—反馈整改—进度督办—考核通报"的数据质控体系"八步曲"。

（1）数据审核

上海市普查办技术团队抽调 30 多人（包括市普查办人员和第三方人员），由审核人员、审核责任人和组长组成审核小组，分 3～5 组，持续 4 周，对系统中导出各类源汇总数据开展集中会审，对入户调查数据深入审核。

（2）发现问题

审核人员开展全市相关报表数据的审核，对审核发现的问题进行分类汇总，上海市普查办技术团队对各组上报的各类误填误报信息进行剖析，分析错填错报原因。

（3）整理规则

上海市普查办技术团队针对各类源不同表单、不同单元格，围绕错误点，制定、丰富并完善了 670 余条上海本地化补充审核规则。按"错误"或"疑似错误"分类，明细报错信息，每周定期开展新增审核规则的讨论、意见征求与最终确认，确保补充规则的可操作和可实现，有效强化了入户调查数据规范性、完整性、逻辑性问题的判别。

（4）系统实现

软件开发人员与上海市普查办技术团队全方位实时对接，将整理的审核规则"翻译"转换为可运算的计算机语言，开展多轮测试和验证，持续升级系统版本，实现数字化语言体系的软件化运用。

（5）软件审核

上海市普查办技术团队人员定期测试更新软件，寻找规则的缺陷、系统的 BUG（缺陷、漏洞），修正完善后，利用新版开发软件再次开展全源全表数据审核，并将有效审核结果分区整理。

（6）反馈整改

每周一，上海市普查办技术团队根据上周五数据审核结果，统计各区问题数和问题对象数，编制全市数据审核反馈意见，在上海市本地化普查系统信息公开（其他）栏目中发布问题清单和反馈函，各区于当周周五前完成问题复核及整改回复。

（7）进度督办

各区普查办根据问题清单和审核意见，及时开展问题复核，在国家普查系统中完成整改后，导出汇总数据，利用审核软件，开展自查自审，确保问题整改的有效性。上海市普查办督办人员，利用普查督办调度工作群，跟踪、提醒、督促各区在规定时限内完成整改工作，并做好整改信息的必要反馈。

（8）考核通报

各区整改信息上报完成后，上海市普查办再次利用审核软件对各区入户调查数据审核整改结果进行复核。根据数据审核和更改完成情况，对工作成绩突出的相关区予以通报表扬，对逾期未完成整改任务的区，视情节予以通报与批评。

6.2.6　坚守质量底线，把控 "十面" 重点对象

上海市在普查质控工作中，牢牢抓住"十面"重点控制对象，即重点企业、重点行业、重点区域、重点表单、重要指标、重要节点、基本名录、废水污染物、废气污染物和固体废物，掌控普查数据质量的关键，把握普查工作不同维度的主要矛盾和矛盾的主要方面，构织十面普查质量控制"网"，有效保障普查数据质量。

（1）重点企业

重点审核三类重点排污单位：一是市管企业，包括央企、火力发电厂和上海市化学工业区企业；二是水、大气、土壤环境重点排污单位、危废监管重点单位和其他重点排污单位；三是 2 600 家环境统计企业。

（2）重点行业

重点关注上海主要污染排放行业，如火电、钢铁、电子信息产品制造业、汽车制造业、石油化工及精细化工制造业、精品钢材制造业、生物医药制造业等的审核与核查，找寻问题共性点，提高其他行业数据审核效率。

（3）重点区域

以街镇全覆盖为基本原则，侧重工业地块内企业，开展普查数据审核与质量核查，重点关注工业排放聚集区，即上海化学工业区、金山石化基地、宝山钢铁基地、104 个工业地块，以及工作薄弱区域和潜在风险区，强化对相关区域的审核与指导。

（4）重点表单

在确保各类表单生产活动水平正确无误的前提下，重点关注贯穿产排量核算的关键表单的完整性、"四同"组合的正确性，从源头提升普查数据质量。

（5）重要指标

清查阶段质控重点关注行业代码、地理定位、运行状态等关键信息；普查阶段对《关于开展第二次全国污染源普查质量核查工作的通知》（国污普〔2019〕6 号）明确的 579 个直接影响产排量核算结果的关键指标开展重点审核与核查。

（6）重要节点

严格按照前期准备、清查建库、入户调查和数据采集、污染物产排量核算、数据汇总审核、总结发布等国家规定的各个时间节点，层层推进各项普查任务，高质量、高效率全面完成上海市各级队伍组建、方案编制、制度建设、人员培训、名录建库、各源调查、产排核算、数据审核、质量核查、联合会审、报告编制、公报发布、建档验收等工作。

（7）基本名录

清查阶段对各类数据库进行了纵向、横向汇总比对，形成初步清查名录，开展地毯式排查，建立了清查基本名录，并采集基本信息。质量核查阶段开展污染源基本名录核实和"其他企业"专项审核工作，将污普名录数据与第四次全国经济普查清查名录，2017 全年用电、用水大户工业企业清单，农业农村部

畜禽规模养殖场直联直报名单，应急名单，信访名单，排污许可名单，环统企业名单，重污染天气应急预案名单，监测计划和重点排污单位名单，挥发性有机物名单，环保督察排查名单等进行了比对；将"其他企业"类型进一步细分，复核其运行状态，建立并完善佐证支持材料，确保普查对象应查尽查，不重不漏。

（8）废水污染物

重点复核疑似遗漏生产废水填报企业；重点审核企业废水治理与排放情况表、G106-1 表核算组合选取的准确性，产排量结果的合理性；筛选分析污染物产排量极大值、异常值；开展水污染物汇总分析、数据相关性分析；开展数据会审，分析各废水因子排放量行业分布合理性、区域分布合理性；结合管理部门现有数据开展汇总数据的一致性验证等。

（9）废气污染物

重点复核疑似遗漏废气填报企业；重点审核企业废气治理与排放情况表、G106-1 表核算组合选取的准确性，产排量结果的合理性；筛选分析污染物产排量极大值、异常值；开展废气污染物汇总分析、数据相关性分析；开展数据会审，分析各废气因子排放量行业分布合理性、区域分布合理性；结合管理部门现有数据开展汇总数据的一致性验证等。

（10）固体废物

重点复核疑似遗漏填报危险废物企业；开展固体废物产生与治理信息表审核，重点审核企业固体废物处置量是否符合逻辑关系、危废种类填报是否齐全、是否有异常值等；开展固体废物汇总数据审核、数据相关性分析；开展数据会审，分析产生量等数据行业分布合理性、区域分布合理性；结合管理部门现有数据开展汇总数据的一致性验证等。

6.2.7 统筹各方力量，全市质控审核"一盘棋"

数据审核和质量核查过程中，上海市普查办全盘谋划，统领全局，形成全市"一盘棋"的审核工作格局，不定期地将最新审核结果和存疑问题，有理、有据、有序下发各区复核并限期整改。组织全市技术骨干和专家团队，采取交叉互核、集中审核、现场核实、专家审核、联合会审等多层次、多维度的审核方式，对全市普查数据开展多轮核查，对郊区、中心城区和市管企业开展数据审核和质量核查。

6.2.8 建立审核制度，明确内部审核责任分工

建立切实有效的审核工作流程，明确审核责任人、质控责任人和管理责任人。做到"五个专"，即专人开展对口领域的数据审核和整改闭环审核，专人对接国家审核问题和市级审核问题的上传下达，专人明确整改技术口径和整改要求，专人负责审核软件的运行，专人进行审核问题的筛选、汇总、下发和整改督办。全面、有序、高效地推进普查数据审核和整改工作。

6.2.9 强化确认制度，确保报表数据真实可靠

按照"谁签字、谁负责"的原则，在数据审核和质量核查阶段，上海市推行普查报表再确认制度，

普查员从系统内打印出普查报表，上门与普查对象就基础信息和生产活动量水平信息等进行再复核，普查对象负责对确认的信息签字盖章，确保入户采集的数据真实、可靠。停产、关闭和"失联"企业，则由当地政府和区普查办进行二级确认，盖章后上报上海市普查办。

6.2.10　依托信息化手段，构建普查信息综合管理平台

整合普查工作数据成果，以信息化技术为依托，构建上海市第二次全国污染源普查信息综合管理平台（图 6-4），用于新增数据采集、数据审核、国家与本地化调查数据分析和展示、信息公开、文件资料传递和管理、任务追踪、工作督办、在线咨询，提高普查工作效率，提升普查数据质量，促进普查成果应用，支撑环境管理和决策。

图 6-4　上海市第二次全国污染源普查信息综合管理平台

6.2.11　"举一反三"整改，实现问题管理全面闭环

上海市普查办组织力量，对国家和上海市在数据审核和质量核查中发现的问题，开展"举一反三"整改工作，并对整改结果进行全面复核，确认完成所有整改，实现审核问题的闭环管理。

6.2.12　立足管理需求，新增本地化特色普查项目

根据自身管理需求，上海编制印发了《上海市第二次全国污染源普查制度新增报表制度》，开拓了一系列本地特色调查项目，新增了对工地与堆场扬尘、机场飞机、液散码头、船舶、非道路移动机械、工业源废水中锑排放等本地化专项调查工作。上海市普查办对项目质量与进度进行跟踪监管，积极研讨项目开展过程中遇到的棘手问题，并协调解决，确保调查顺利进行；同时要求各项目按时提交中期汇报和成果汇报，对成果与目标存在差异的项目，查找原因，制定补充措施，优化项目质量。

6.2.13　强化结果运用，支撑生态环境管理决策

上海市充分利用高质量普查成果，开展第二届中国国际进口博览会空气应急保障工作，为科学应对重大活动的举办提供了污染源分布、污染物排放强度的数据保障；助力化工区自动监测站点 VOCs 超标污染物丁烷、丙烷、乙炔的溯源；开展"十四五"规划编制、《长江经济带国土空间规划》编制、《秋冬季大气污染综合治理攻坚行动方案》编制、大气污染物排放清单编制和 VOCs 管控企业名单筛选、排污许可证核发、一般工业固体废物申报登记、重点排污单位及环统名录更新、违法违规建设项目的整治、长江入河排污口排查整治、环保督察等，有效支持环境管理决策。

6.2.14　完善工作闭环，开展普查质控"回头看"

上海市质控工作贯穿普查全过程。在准备阶段，组建了上海市普查领导小组及普查办公室，制定了完善的管理制度与责任制度，开展了全方位、多形式的污染源普查宣传，为普查工作的顺利开展奠定了坚实基础；在清查阶段，开展了多轮清查培训工作，进行了"两员"选聘，发布了《清查质量核查技术要点及评估标准》，根据技术要点进行清查结果的汇总、抽查与反馈整改；在入户调查阶段，发布了《入户调查和数据审核质量控制方案》，着重对各类源普查报表填报完整性、逻辑性、规范性、正确性（一致性和合理性）进行审核，有效支撑产排污量核算；在数据审核和总量核算阶段，通过软件审核与人工审核相结合的方式，以产排污核算为核心，将普查数据与有关部门数据进行比对分析，有效保障了普查数据完整、规范、真实、合理；在质量核查阶段，上海市普查办开展软件审核、国家反馈问题复核以及多轮质量核查等工作，对名录数据、报表数据及汇总数据进行集中审核与现场抽查，确保高质量完成各项普查工作。

回顾整个普查质控过程，上海市在普查实践中不断前进、不断摸索，集各方专家之力，探索制定最优质控方案，为保障普查数据质量做好坚实的后盾。采取有效的质控手段，开发制作具有上海特色的审核软件进行多轮强审，最大限度地保障了数据的合理性与有效性，极大地提高了审核效率，有效地保证了上海市第二次全国污染源普查的数据质量。

7　山东省

7.1　质量管理工作开展情况

2018 年 1 月 31 日，山东省政府印发了《山东省第二次全国污染源普查实施方案》，随后召开了全省第二次全国污染源普查工作电视会议，各级均成立了政府普查领导小组及普查工作机构，落实了年度普查工作经费，完成了 3.8 万名普查员和普查指导员选聘及 8.3 万个普查小区的划分，各项普查准备工作基本就绪，污染源普查工作全面启动。普查工作共包括工业源、农业源、生活源、集中式污染治理设施、移动源五类普查对象，报表制度中包含 60 类报表 1 796 项指标，具有"普查范围广、技术要求高、工作难度大"的特点。数据质量是普查工作的生命线，普查工作正式启动以后，山东省普查办在确保工作进度的前提下，在严把数据质量上狠下功夫，通过建立质量控制体系，努力实现普查数据"名录全、数据准"的质量控制目标。

为了实现"名录全、数据准"的质量控制目标，山东省通过设立各级普查机构质量责任人、建立调度—通报—督办工作机制、加强技术培训及现场指导等措施，开展事前、事中报表填报质量把关，通过开发数据软件、开展数据专家审核、部门会审等集中会审工作，强化数据质量核查，并通过开展宏观数据比对分析等措施开展事后数据预处理。鉴于篇幅原因，这里着重介绍山东省在质量控制方面典型的、可推广的经验做法。

7.1.1　加强调度通报，落实工作责任

为确保各阶段工作任务按期完成，减少和消除因机构改革、人员变化对工作带来的影响，山东省建立"调度—通报—督办"工作机制，对数据质量及相关重点工作实行过程跟踪，对工作进展缓慢、工作质量差的进行预警、通报，确保数据质量不断提高。在调度频次上，山东省根据工作进度情况及紧急程度灵活调整调度频次。以 2019 年入户调查阶段为例，山东省普查办对入户调查数据指标错误率实施"三天一通报"，对产排放量核算完成率实施"一天一通报"，同时对专家集中审核意见核实修改等具体工作落实情况进行专项通报，推动工作责任落实。国家及省级数据审核期间，对问题核实修改情况开展了清单式调度，促进问题整改。每批问题清单修改都要做到两次集中研究：清单下发前集中研究，便于指导地方落实整改要求；核实情况上报前再次集中研究，确保核实整改到位。对两次集中研究期间发现的整改不到位现象及时发现及时通报。在调度通报形式上，既有以省领导小组办公室名义发文的正式通报，也有各地市普查主任群的非正式通报，根据工作进展及重要性灵活掌握。

7.1.2　强化普查培训指导，奠定质量控制基础

为加强对各级普查机构业务指导，通过举办培训班、召开现场工作会、开展现场抽查检查等多种方

式，有针对性地开展培训指导，确保国家培训信息不衰减，培训内容不走样，工作要求不降低。省级组建了由省、市业务骨干组成的省级培训师资队伍，做到"培训课件、培训内容"两个统一。2018 年以来，省级共组织开展 12 轮次数据集中审核及技术培训、7 轮现场指导，其中省农业农村、畜牧等主要职责部门及各级普查技术骨干 300 人规模的省级数据集中联合会审 5 次。对于各级普查机构的技术指导，除了上述形式，山东省充分利用微信、QQ 群等平台，建立线上问题收集及答疑，及时解决报表填报过程中的问题。

7.1.3　严格数据审核，做好数据预处理

初次上报数据质量差、问题多是普遍现象，开展数据审核，做好数据预处理，对于后期数据应用起着至关重要的作用。"对象全不全、数据准不准"是污染源普查数据质量的核心标准，山东省立足普查对象数量大、指标间逻辑关系复杂的实际，考虑到单部门单打独斗的局限性，以及人工审核无法覆盖全部数据，而软件审核无法解决全部数据问题的实际，明确了"人工审核与软件审核相结合、重点审核与全面审核相结合、微观审核与宏观校核相结合"的数据审核思路，确保普查数据全面审、重点审，做好全过程数据质量控制。在实际操作时，结合全省实际情况，注重审核细则、审核方案等引领性文件的制定，在清查、入户调查及数据汇总分析各阶段开始之初，山东省就着手制定了数据审核规则，统一了各级普查机构数据审核内容；研发了数据审核软件，利用信息化手段开展数据审核，为各级普查机构数据审核提供了工具，提高数据审核效率和全面覆盖。注重发挥行业专家的力量，结合山东省实际筛选重点工业企业，做好重点行业企业审核，把好排污大户数据质量关。注重与现有宏观统计数据的比对分析，加强普查数据与系统内外各类数据的比对分析，保证全省、各市、各行业整体普查数据的真实性、规律性、合理性和逻辑性。

（1）开发数据审核软件，实现数据全面审核

污染源普查数据量大，人工审核不可能完成数据审核的全覆盖，而且基层普查机构技术水平良莠不齐，考虑到工作实际情况，为了给基层普查机构提供简单、易操作的数据审核工具，入户调查开始之前，山东省制定了《山东省第二次全国污染源普查入户调查数据审核规则》，并在此基础上开发了数据审核软件。考虑到单机版操作适用范围更广，审核软件采取单机版形式，在线实时更新版本，提高了数据审核效率，实现了全省各市、县数据全面审核，整体上提升了普查数据质量。入户调查阶段，借助日常调度通报，通过软件校核修改，全省错误指标率降至 1%以下。经过不断完善，软件除按照审核规则开发了数据审核功能外，还开发了数据筛选排序、自定义表单拼接、汇总数据下辖区域一键导出等功能，在入户调查、数据核算、汇总审核等工作中一直发挥作用。

（2）发挥各方力量，开展数据人工审核

软件审核实现通用逻辑关系审核及数据合理性审核，能够消除异常数据和不符合逻辑关系数据，实现数据的全面审核。但是对于企业工艺完整性、是否与日常环境管理数据相吻合等方面，则需要开展专家联合会审。专家联合会审是人工审核，人工审核的局限性就是不可能覆盖全部污染源。为了将专家审核的作用发挥到最大，山东省在"重点审"上狠下功夫，将不同专家的力量用到不同的方面和侧重点，

切实做到"好钢用在刀刃上"。一是充分发挥行业专家力量，抓好排污大户数据质量这个重点，确保普查质量和效率，提升污染源普查科技支撑作用。2017 年普查工作全面开展之初，山东省专门成立了污染源普查专家咨询委员会，设立普查专家秘书处，明确了专家咨询工作制度，为专家参与普查决策、解决污染源普查中面临的关键问题提供了平台。入户调查阶段及产排放量核算阶段，针对山东省实际情况，筛选确定了 3 486 家重点工业企业，举办了两次省级专家集中会审，邀请省环境评审中心、山东大学、省环科院有限公司、省电力研究院等单位的行业专家对 3 486 家工业企业的行业类别、生产工艺、原辅料使用、能源消耗、治理工艺等指标的完整性、全面性、准确性进行集中审核。二是充分发挥部门力量，把好农业污染源数据质量关。术业有专攻，农业污染源数据审核是农业部门专长，也是农业部门的职责分工所在。为此，山东省普查办组织省农业农村厅、省畜牧局派员到山东省普查办集中办公，对其负责的相关普查报表开展数据审核。省级集中审核期间，也邀请到了农业部门专家。三是充分发挥厅机关处室技术力量，做好相关领域数据把关。邀请厅相关处室的重金属、固体废物、应急预案等方面业务骨干进行数据联合会审，多角度开展数据比对分析，确保数据经得起各方考验。四是做好重点企业现场复核工作，确保报表与实际一致性。2019 年 6 月，山东省普查办设计了相关表格，要求各级普查机构组织行业专家对辖区内重点排污单位进行现场复核。同年 6—8 月，各县（市、区）普查工作人员顶着炎炎烈日，完成了对 3 486 家重点企业填报信息的现场复核。各地市普查机构有重点地进行了现场复核。

（3）开展多形式数据集中审核，提高数据整改效率

一是各部门独立会审。山东省农业农村厅、原省海洋与渔业厅对其负责的相关普查报表开展了多轮集中审核及数据整改完善。省畜牧局组织省畜牧兽医站等部门技术支撑单位对规模化养殖场养殖种类、养殖量、粪尿资源综合利用率等关键指标进行集中审核和数据修改完善。二是部门联合会审。2019 年 7 月，省畜牧局会同省生态环境厅联合下发了《关于开展畜禽粪污污染源普查据集中整改工作的通知》（鲁牧办发〔2019〕7 号），并派员到省生态环境厅集中办公开展数据集中审核。三是开展各部门、各级普查机构参加的数据集中审核。采取酒店集中封闭形式，数据审核结果当场反馈、即时核实、现场整改，谁完成谁离开，提高了数据核实修改效率，让整改工作看得见、摸得着。数据集中审核是一种高效的审核形式，数据审核期间方便各地市、各级普查机构沟通交流，本身就是对普查队伍的锻炼和提高，同时保障了人员和工作时间。

（4）异常数据筛选，消除低级错误数据

第二次全国污染源普查指标数量众多，普查对象填报过程中稍有不认真、不仔细，就很容易出现填报单位因看错指标而导致的数量级错误，或者出现将数据誊抄错误的问题。这种数据一旦出现将导致汇总数据出现数量级错误，对数据质量产生灾难性毁灭，数据质量管理功亏一篑。出现这种问题的指标，通常是数据计量单位比较高的指标，例如，一项指标可以用万吨进行计量也可以用吨进行计量，以万吨为计量单位比以吨为计量单位更容易出现填报问题。另外，如果设置的指标计量单位与行业、常规计量单位有出入，同样也会导致此类问题出现的频率较高，影响数据质量。所以 2019 年 5 月底产排放量核算工作初步完成后，山东省普查办就立即着手对各类源全部汇总指标，尤其是产排放量数据及日常环境管理关注的能耗、水耗、装机容量、产品产量等重要指标开展异常数据筛查。2019 年 6 月，山东省普查

办共下发 6 批次异常数据清单，基本上消灭了导致汇总数据数量级错误的"低级错误"。但是随着后期数据审核工作的开展，异常数据经常随着数据核实修改不断冒出，为了防止新的异常数据的出现，数据审核修改过程中，山东省普查办对辖区汇总数据定期开展异常数据筛查。尤其是数据库封库前几天，组织专人对汇总表中每项指标进行异常数据日筛查。异常数据的筛查虽然非常重要，但是方法相对比较简单易操作，充分利用数据正态分布特性，采取排序方法进行甄别。异常数据的筛查可以是针对单个企业间的指标排序，也可以是各地市之间、各行业之间数据排序比对，在这个过程中数据审核人员的经验判断尤为重要，必须对辖区内企业或各地市间相关指标排名情况比较了解。

（5）聚焦环境管理重点，开展工业源 VOCs 质量提升

自 20 世纪末，我国大气污染特征发生重大转折，SO_2、PM_{10}、NO_x 等一次污染下降，O_3 污染和灰霾问题凸显，二次污染日益严重。挥发性有机物（以下简称 VOCs）是近地面臭氧生成的关键前体物，也是 $PM_{2.5}$ 的重要前体物和光化学烟雾的主要组成部分，对雾霾的形成起着至关重要的作用。由于 VOCs 污染防控工作起步较晚，仍然是环境管理中的薄弱环节。为最大限度地服务环境管理决策，确保通过普查摸清涉 VOCs 排放的企业分布、工业类型、污染治理状况及产排放量等基础数据，山东省普查办加强与有关省之间、省内各地市之间的数据比对分析，结合水性溶剂使用量宏观数据及日常监管实际，重点核实家具、印刷等行业水性溶剂占比及 VOCs 去除效率，解决水性溶剂占比及 VOCs 去除效率脱离实际情况偏高问题。同时组织专家团队对石化行业 VOCs 排放重点环节数据合理性及核算环节完整性进行了全面审核。结合生态环境部在 2019 年度强化监督定点帮扶工作中发现部分县（市、区）VOCs 特色行业企业聚集、产能较大现象，开展产业聚集区产排放情况专项现场调研、核实工作。

7.1.4 规范在线数据，做好常规污染物数据审核

前期，发现部分企业在线监测填报数据很低，为了剔除不符合常理的异常低值，客观反映辖区，尤其是重点行业产排放情况，经与厅监测处、省生态环境监测中心对接，制定了电力、热力生产和供应行业废气量、二氧化硫、氮氧化物、颗粒物的最低限值，下发了《电力、热力生产和供应行业在线监测数据校核要求》，要求各地市对低于限值的监测数据进行校核，校核后不能满足普查技术规范使用要求的，使用系数法核算污染物排放量。

7.1.5 强化宏观数据比对分析，确保数据合理性

上面的各项数据审核措施，无论是软件审核还是专家审核，工作主要集中在微观层面，重点是针对单个普查对象数据的合理性进行审核整改。我们一定要清醒地认识到，虽然数据从微观层面来审核是基本合理的，但是这并不代表汇总数据就是准确的。例如，辖区内的普查对象，从单个普查对象看，数据是符合逻辑关系的，指标间的关系是合理的，但他们填报的各项指标数据是偏低的，那么由这些数据加和得到的汇总数据肯定是不合理的。审核汇总数据的合理性，就是通过各类汇总数据间的比对分析，使我们跳出微观层面的局限，在宏观层面发现哪些数据有偏差、不合理，甚至逻辑错误等问题，反过来指导我们进行微观层面的数据修改完善。这是数据质量提升的重要手段，也是后期数据发布后能够经得起

各方面质疑的重要保障。2019 年 5 月底产排放量核算工作完成后，6 月 18 日，山东省普查办就印发了《山东省第二次全国污染源普查产排污核算数据审核工作方案》，明确了汇总数据审核的内容及目标。同年 8 月底，普查办启动了数据分析报告编制工作，在分析报告编制过程中，把数据比对分析作为分析报告的重要内容来抓，不仅加强与环境统计、源清单等系统内数据的比对，同时加强与公安、发改、住建、统计等部门数据比对。根据比对分析结果开展了多轮次数据核实，对于离散数据，符合当地实际情况的要做出书面说明，填报错误的要进行修改完善。尤其是对于集中式污染治理设施，由于集中式污染治理设施数量相对较少、目标比较明确，在比对分析过程中，山东省普查办要求各级普查机构开展一对一逐家比对分析，不管是区域集中式污染治理设施数量，还是单个集中式污染治理设施的建设能力、处理水平等指标与现有数据不一致的，要逐一说出原因，写明理由。2019 年 12 月，召开了省普查领导小组有关部门联络员参加的数据审议会议，对数据进行了集中审议，省发展改革委、省公安厅、省住房和城乡建设厅、省交通运输厅、省农业农村厅、省能源局、省畜牧局等 9 个部门参加了会议，对普查数据给予了充分肯定。

7.1.6　现有管理名录比对，确保应查尽查

清查阶段，山东省普查办从省水利、地税、统计、工商等部门共计调取 191.4 万家企业名录信息，省级层面统一排重补漏、筛查整合后形成 61.4 万家清查对象参考名录，作为各地市清查阶段现场摸排的参考，有效保证了普查对象的全面性。清查工作结束后，我们也一直将普查对象名录完善贯穿工作全过程，在入户调查开始前又将普查数据库与 "12369" 信访名录、散乱污清单、燃煤锅炉治理清单、重金属调查清单、工业聚集区清单等名录进行了比对。结合国家下发的《小微企业纳入判定标准》，对菏泽市曹县、临沂市兰山区木材加工、滨州市博兴县厨具加工等产业聚集区，集中开展产业聚集区小微企业纳入普查情况现场检查。2019 年 5 月，又印发了《关于开展山东省第二次全国污染源普查查漏补缺专项行动的通知》，完成了与 "四经普"、电力、排污许可证、大气督查、重污染天气应急、行政处罚、环境统计、重点排污单位、环评审批、备案及验收等 21 类单位名录的比对，共计比对各类污染源调查对象约 86.8 万个，结合国家逐步明确的小微企业纳入标准，补充普查对象名录。比对的每家企业都要有是否应纳入普查的详细说明，部门、处室掌握的企业清单，只要属于普查范围的，要确保应查尽查。

7.2　工作经验总结

数据质量控制目的就是消除影响数据质量的各类不利因素，数据质量管理措施从性质上分，有行政、技术之分；从序时进度上看，有事前、事中、事后之分；从层级上分，有微观、宏观之分；各个不同性质的管理措施互相交织、互不可缺，贯穿普查各个阶段、各个方面。数据质量管理应贯穿普查工作始终，强化全过程、全员质量控制，普查工作不结束，质量管理工作不停止。本节不再对经验、做法过多赘述，而以心得体会为主，侧重对前文内容的完善、补充，以期可以为今后各类生态环境调查工作提供一个相对较全面的参考。

7.2.1 如何充分发挥基层普查机构主动性

质量控制是各级普查机构共同的任务，而且只有基层普查机构主动性被充分调动起来，质量控制才能真正见效，落到实处。一是落实责任。入户调查阶段，根据国家统一部署，各级普查机构均设立质量负责人，山东省要求由普查办负责同志负责此项工作。在数据汇总分析阶段，虽然在线填报系统可以查看各级普查汇总数据，但是山东省在汇总分析中后期让各地市以正式文件形式上报了 3 次全市及下辖县（市、区）普查汇总数据，目的是让各地市普查办详细分析全市及各县（市、区）数据合理性，让地市生态环境局负责人对普查数据有了解、有把关，推动质量控制责任的落实。二是打破信息孤岛。在保障数据安全的前提下，召开各地市生态环境局负责同志及普查办主任参加的数据研讨会议，研讨各地市汇总数据合理性，让各地市明了自身普查汇总数据在全省的排名，分析数据合理性。

7.2.2 问题反馈机制建立

普查对象实际情况千差万别，普查报表制度和技术规定不能涵盖和解决所有填报问题，这些填报问题能否很好地解决是影响报表填报质量的一个重要方面。因此在实际工作过程中不管是国家层面还是省级层面都建立了问题反馈机制，以解决报表实际填报过程中遇到的具体问题。在问题收集反馈过程中，负责问题解答的主要是省普查办技术人员，前面也提到了，普查对象行业种类众多，差异巨大，所以涉及特殊行业生产工艺、治理措施等方面的问题是普查办技术人员很难去解决的一个问题。如何建立行业专家在问题反馈中的参与机制是一个值得研究的课题。

7.2.3 关于审核规则的制定

面对海量数据审核任务，省级层面或者国家级层面开发数据审核软件是必不可少的。但数据审核软件的开发基础或依据是审核规则，所以审核规则制定的是否合理是审核软件开发成功的基础。在数据审核规则制定方面，山东省的经验，一是宜松不宜紧。这个原则主要是针对相关指标阈值的设定来说的。普查对象众多，个体差异性极大，如果阈值设定范围较窄势必导致大量正常数据报错，则需要各级普查机构去核实，增加了各级普查机构工作量。二是预判重点指标。污染源普查指标众多，即使是软件审核也不可能对每项指标都设定审核规则，所以就要对审核指标有个预判，尤其对于日常环境管理中常用的指标要格外注意。三是关于审核规则内容。实践证明，数据错误种类确实是五花八门，有的错误非常低级。所以审核规则涉及的内容首先要保证基本的逻辑关系不能出错，例如，各指标间加和是否相等这种最基础的规则，又要有相关指标经验阈值的设定，同时对于有逻辑关系的指标，还可以计算相对量，通过相对量合理性判断反推指标合理性。四是关于审核规则的表达方式。审核规则真正要发挥作用还是依赖于审核软件的成功研发。审核软件研发过程中最大的问题是审核规则编制人员与软件开发人员之间的专业鸿沟。审核规则编制人员是环保专业人员，他们制定的规则其实是建立在多年的环保职业素养基础上的，自己看来很明白的规则，在环保经验不足甚至没有的程序员眼里就变得晦涩难懂，甚至有歧义。因此审核规则编制人员在制定规则时建议多用公式型或者比较严谨的类似程序型文字语言来表述，让程序员看到后可以很明了地进行程序语言的翻译，这是软件开发成功的基础。

7.2.4　专家、部门力量的发挥

污染源普查工作涉及不同领域、不同行业，普查对象间差异性非常大，仅工业源来说就涉及 41 个工业行业。普查机构的技术人员不借助外力，仅靠自身力量想要对各类源进行全面审核是不可能实现的，因此专家会审，部门或处室间的联合会审就显得尤为重要。要做到数据质量的全面提升，就必须发挥行业专家及相关部门、处室的力量。普查数据审核或者质量控制不是闭门造车，应该是开放式的、敞开式的，工作过程中不怕暴露问题，越多问题的暴露意味着数据质量控制越有效。

7.2.5　数据比对分析内容及结果处理

汇总分析阶段，我们与系统内外的各类数据进行了比对，不仅仅有排放量的比对，更有产能、产量、水耗、能耗、装机容量等各项基础指标的比对。实际上，基础指标的比对更能发现问题，牢固数据基础。在比对过程中应遵循哪些原则，如何处理数据差异问题呢？首先一定要保持数据的客观性。数据比对分析的最终目的是修正自身的数据问题，但并不意味要往哪套数据上靠拢，不能盲目进行数据修改，要客观分析差异原因，这也是遵守《统计法》相关规定的正确做法。但是数据间比对出现了以下情况就要引起高度重视了，数据间存在数量级差异要重点核实，这种情况一般是有一套数据出现了前面讲到的"低级错误"。

7.2.6　普查档案的收集整理

建立污染源普查档案是普查工作目标之一，污染源普查文件材料作为普查成果的集中体现，是检验普查工作质量的重要凭证，对于实行生态环境管理和决策科学化，完善环保大数据建设具有重要价值。除了上面的重要性，笔者认为普查档案完整性、规范性也是质量控制的一个重要方面，档案工作是核实普查对象指标填报准确性的一个重要方面和便捷方式。关于档案工作的重要性，工作开展之初就要高度重视。关于档案整理，一是要做到边工作边收集边整理，尤其是牵扯清查和入户调查阶段普查对象档案资料，如果入户时收集完整，一方面可以减少入户次数，另一方面在数据审核阶段，如果档案资料收集完整，很多核实工作就有据可查，这样不仅可以减轻普查员和普查对象的负担，也可以提高工作效率。二是规范档案目录（图 7-1）。普查员入户任务无非两项：指导普查对象填报普查报表、收集整理档案资料。但是普查任务繁重，聘用的普查员数量也比较庞大，仅山东省入户调查期间就聘用了约 3 万名普查员，普查员专业水平不一，为了保证档案资料收集完备性，最简单有效的办法就是制定详细的档案目录，普查员对照目录收集整理。例如，济南市高新区普查办在入户调查阶段设计了普查表格筛选单、佐证材料筛选单。普查员与企业一起进行普查表和佐证材料的筛选和收集，由普查员—普查指导员—普查第三方—质控第三方—普查办多级按序审核，然后收集质量控制单，最终形成高新区的工业源普查档案。

序号	资料名称	是否提交
	一、基本资料	
1	营业执照（复印件加盖公章）	√
	二、图件资料	
2	厂区平面布置图	√
3	水平衡图	√
4	生产工艺流程图复印件（需标出废水、废气产生的工艺段，另外每个生产工艺流程图需注明对应的产品名称）	√
	三、报告资料	
5	在生产项目环评、现状评价报告及批文（批文复印件）	√
6	验收报告及意见	√
7	清洁生产审核报告	√
8	企业风险评估报告	×
9	企业突发环境事件应急预案	×
	四、生产资料	
10	2017 年企业主要产品名称及产量清单（如企业有多种生产工艺，则产品产量需根据不同生产工艺进行罗列）	√
11	2017 年主要原、辅材料名称及用量清单	√
12	2017 年产品生产总值	√
13	2017 年度水费单及用水总量	√
14	2017 年燃料名称及用量	×
15	2017 年度电费单及用电总量	√
16	厂内移动源的铭牌信息（叉车、铲车、观光车等）、数量、能源消耗量	√
17	储罐的设计文件或铭牌（储罐类型、容积、个数、年周转量、年装载量、储存物质）	×
	五、污染物排放资料	
18	排污许可证年度执行报告（2017 年）（国家排污许可证发放的需提供）	×
19	环统数据（2017 年度）（需从系统里截屏保存）	×
20	环保设施运行台账、危险废物台账	√
21	废水、废气处理设施设计方案	×
22	2017 年废水、废气在线监测数据（每日监测数据电子版汇总表）	×
23	2017 年度废水、废气第三方监测报告（复印件）	√
24	2017 年废水、废气监测监测报告（复印件）	×
25	废水处理设施及对应的排放口	×
26	2017 年度内废水处理总量、排放总量、回用水总量	×
27	废气治理设施名称和个数及对应的排放口	×
28	2017 年度各废气排放口废气排放量	×
29	2017 年度危废处置协议、转移联单（复印件）	√
30	2017 年度固废产生与处理的台账或发票等	×
31	LDAR 检测报告（有则提供）	×
32	锅炉设计文件	×
33	碳排放报告	×

图 7-1   档案目录

7.2.7   关于普查人员经验、素质

各级都成立了独立办公的普查办，很多都引进了第三方机构，这些第三方机构多是环评公司或者监测公司。这些人员专业水平在各自的技术领域是没有问题的，但是不一定是普查各阶段工作最适合人选。在数据审核阶段，环评人员对于行业工艺流程比较熟悉，做微观层面熟悉行业的审核还是没有问题的。但是在入户过程中，当地的网格员或乡镇环保所工作人员对企业位置及基本情况是最熟悉的。在数据汇总分析阶段，第三方机构技术人员基本上对区域排放总量以及下级行政区域排放总量常规排名没有概念，这一阶段从事环境统计的人员相对比较有经验。

7.2.8　部分地市经验总结

工作越往基层越具体，对可操作性的要求越高，在实际工作中也积累了很多具体的工作经验，为了更加丰富地展现各级普查机构质量控制工作，我们节选了部分地市在质量控制方面的特色亮点做法，作为前面章节的补充。

（1）济南市经验总结

①创新方式，利用科技手段支撑清查质量核查。济南市在污染源普查质量核查工作中充分发挥科技支撑作用，有效地保障了数据质量，极大地提高了工作效率。借助智慧环保大数据平台和网格化环境监管工作经验，开发了"济南市第二次全国污染源普查清查系统"，这套系统可以实现清查数据线上采集、线上审核、手机端采集实时报送，电脑端审核及时反馈。还可以借助卫星遥感地图，开展疑似漏查区域核实，为数据核查、数据复核等工作提供了极大的便利。在传统市、县（区、市）两级核查的基础上，利用声学多普勒流速剖面仪（ADCP）开展入河排污口核查工作，通过剖面流速异常信息，实现对排污口的精准定位，很好地解决了隐蔽排污口的核查难题。自主开发了清查审核修改辅助工具，内置了清查指标的填报规范和逻辑关系。采用百度地图 Web 服务 API 接口逆地理编码服务，通过经纬度获取所在行政区域，并与普查小区进行比对；利用天眼查网站信息查询单位名称、统一社会信用代码、行业名称等信息是否准确规范；在全国排污许可证管理信息平台上查询和比对单位名称、排污许可证编号。"辅助工具"的全部审核功能均可实现后台批量操作，审核问题列表显示一目了然，同时可实现审核问题批量修改、对上报的数据库快速汇总，有效提高了审核效率。

②组织市、县两级普查机构开展集中交叉互审，相互交流学习，照镜子，比差距。分类梳理交叉会审发现的问题，举一反三进行复审，强化核查发现问题的能力。对现场审核及集中审核所发现的问题进行梳理汇总，形成审核规则，组织对类似企业开展全面的扩大自查。重视复审，通过对档案材料的查看，提出了强化数据佐证准确性和水平的工作方案。由济南市普查办先后针对全部 386 家重点排污企业和代表性中小微企业进行佐证材料的再核查，确保污普数据来源准，逻辑关系清晰。

③重视普查人员素质提升。要想做好普查工作，普查员和普查指导员的素质是重中之重。需要加强对普查员和普查指导员的前期培训，重点是学习污染源普查知识，掌握普查信息采集、核对、录入、产排污核算、分析汇总等各种工作技能，还要掌握与企业的沟通技能。同时，还要有好的制度，保障普查体系的高效运行，济南市采用的督导员制度、责任链条制度、A/B 角制度等均发挥了较大作用。普查过程中，先后开展了"边审核、边答疑、边培训指导"的工作模式，将审核结果进行集中反馈，对发现的问题进行现场指导。

④确保一手资料的准确性，慎重对待成熟数据的修改。入户调查阶段是整个普查工作的最基础的阶段，应尽量减少错误和误差。该阶段一定要仔细，不能片面地强调进度而忽视数据质量。否则会极大地增加后期质量控制阶段的工作量，造成工作被动。这就需要普查人员入户普查前要做到提前了解行业特点和企业特点，做好与企业的沟通，此时基层网格员是重要助力，应利用好。为提高数据准确性，可利用普查质量控制单进行数据核对，重点项目的数据重点核实。在普查工作的前期阶段，不可避免地会存

在一些暂时无法解决的问题，如产排污核算环节或系数缺失以及填报系统 BUG 问题等。此时，应将"为用而查"作为基本原则，数据的填报及审核修改应反映实际排放情况，避免单纯为了通过审核而选择不恰当的核算环节或系数。到质量控制整体工作的后期，经过前期的各级各类质控和层层把关，数据质量得到了极大提升，各类数据之间基本实现了逻辑自洽。此时，应更加对数据修改过程中可能产生的错误引起重视。在这一阶段济南市加强了对拟修改数据的审核，增加了对原数据和拟修改数据的来源依据及与其他数据逻辑关系的核对环节。

（2）德州市经验总结

①总体思路。实践中，德州市重点抓住抓紧"四个关键"。一是抓住"普查大格局"这个关键切入点。我们探索建立了"政府统一领导，生态环境牵头负责，职能部门分工协作，市、县分级负责，各方共同参与"的普查工作大格局。二是抓住"市县联动"这个关键着力点。坚持"全市一盘棋、密切市县联动、统一调度、统一规定、统一进度"的德州特色工作方法，市级统筹做好组织、协调、督办、培训、指导、把关"六项工作"，县（市、区）严格落实"两员"组织、入户调查"两大职责"。三是抓住"调查全覆盖"这个关键发力点。采用"集中培训填表与入户采集核对""纸质表格与电子表格"相结合的方式开展入户调查，培训、填报、入户核对压茬式进行，逐个点源、逐张报表进行审核与录入，确保入户调查按期完成。四是抓住"全过程质控"这个关键落脚点。将数据质控贯穿入户调查、数据填报、审核录入、汇总审核、产排量核算等全过程，坚决守住数据质量的生命线。

②入户调查报表填报阶段质量管理。市、县两级普查办工作人员和第三方技术人员深入企业，采取"边培训、边填报、边指导、边审核"的工作模式，解决填报工作中的难点问题，做到填报一家、指导一家，充分保障了报表的质量。部分单位因停产、关闭无法落实到填报主体，针对此问题，市、县两级普查办作出要求：协调环保监察大队进一步入户核查，确保落实到户、落实到人。对全市 13 个县（市、区）进行督导检查，深入企业现场核查，对存在的技术问题进行了现场解答，并根据检查结果制定了下一步的工作安排。

③数据审核阶段质量控制。德州市构建了"点线面"三维审核方法，守好"企业点"、把好"行业线"、控好"区域面"，真正做到了质控有抓手、问题能溯源、宏观可把控；通过进度"日通报"、工作"勤调度"、核查"督整改"，真正做到了问题可量化、整改能落实。

守好"企业点"。德州市将系统审核与人工审核同步应用，结合德州市实际情况，梳理、确定各行业各类源的数据审核细则并培训到企业，从填报源头上精准掌握普查技术要点，有效提高了全市污染源普查数据审核效率；在人工审核方面，德州市建立了问题清单整改反馈制度，构建了发现问题数据、下发数据、开展整改、上报反馈清单的闭环留痕管理模式，确保了问题点整改落实到位。把好"行业线"，德州市针对钢铁、水泥、火电、焦化、印染等 14 类重点对象，聘请了相关行业的技术人员，通过数据汇总、统计、排序等开展行业审核，将重点企业问题清单点对点下发至企业。控好"区域面"，德州市以能源、资源消耗量与排放量等指标对企业进行排序，重点关注前 100 名企业。同时，针对挥发性有机物产/排放量与实际量存在较大差异，尤其在水性溶剂占比及去除效率合理性等方面。经过对宁津县、经开区、禹城市、齐河县等县（市、区）现场调研情况，德州市普查已初步摸清基数，并拉出了异常清单，下发给县级普查办核实修改。通过自下而上地把控大户企业，实现对全市数据的总量把关。从宏观层面考察区域、行业总体数据的合理性，再逐级溯源发现具体问题，真正做到了宏观审核有抓手。

为保证工作思路统一，德州市普查办专门安排了集中修改的办公场所，德州市普查办技术人员负责技术指导。各县（市、区）技术人员在德州市普查办集中办公，开展数据核实修改工作，发现问题及时沟通。开展集中办公便于德州市普查办调度有关情况，第一时间掌握修改进度和存在的问题，对市级无法解决的问题及时汇总向上级汇报，寻求解决办法。

（3）济宁市经验做法

①在落实质量控制责任上，重点抓好 8 个审核把关。企业、村自身申报审核把关，两人互审；普查员对企业填报数据审核把关；乡镇指导员对普查员审核把关；县（市、区）相关部门对所管辖行业的数据审核把关；县普查办对乡镇及整个县审核把关；市直部门对全市所管辖行业的数据审核把关；县（市、区）之间互审，互相把关、互相促进；市普查办对全市数据审核把关，市普查办在对全市数据审核把关过程中，分组对所有县（市、区）进行现场督导审核，抽查数据，组织全市集中阶段性会审，开门审数。既联合县（市、区）普查技术骨干、水利、住建、能源、环保、畜牧、农业等部门专家共同审核普查数据，也借助参与国家、省普查办专家力量，群策群力，共同确保普查数据的质量。

②在质量控制内容上，由易到难，由简单到复杂，逐渐"瘦身"。先对工业源、农业源、生活源、集中式污染治理设施、移动源五类源的基层表和综合表进行全覆盖审核，后重点审核工业源。首先重点审核是否存在报表应填未填（漏表）、关键指标应填未填（漏填）或填错的完整性问题，其次重点审核是否存在指标间逻辑性错误的问题，最后重点审核与污染物产排污核算直接相关的指标，如产品产量、能源消耗、取水量、燃料成分、运行时间、污染物去除效率，畜禽存出栏数量、粪污处理率。先重点审核 G106 表之外的报表，后重点补充完善填报 G106 表。先对涉及污染源排放的关键指标内容进行审核完善，后对关键指标是否符合区域、行业的平均水平，汇总的产品产量、原辅材料使用量、能源消耗、水资源消耗量等指标是否与部门、行业的统计数据协调进行审核。

③在质量落实整改上，明确整改流程。按照发现问题—反馈问题—整改报告—后抽查—督办的审核流程，确保审核发现的问题真正整改到位。即济宁市普查办对每次集中审核发现的问题，做好记录，并将问题反馈到县（市、区），县（市、区）在规定时间完成整改，济宁市普查办对整改的问题进行抽查，对抽查未整改的县（市、区）下达督办函。

8 河南省

河南省位于我国中东部、黄河中下游，东接安徽省、山东省，北接河北省、山西省，西连陕西省，南临湖北省，呈望北向南、承东启西之势，区位优越，素有"九州腹地、十省通衢"之称。河南省历史文化悠久，是中华民族和华夏文明的重要发祥地，也是中华姓氏的重要发源地。近年来，河南省深入贯彻习近平生态文明思想，扎实推进蓝天、碧水、净土三大保卫战，突出精准治污、科学治污、依法治污，环境质量不断提升。

第二次全国污染源普查是重要的国情调查。河南省高度重视此项工作，将其作为贯彻落实中央决策部署的具体行动和推进生态文明建设的重大基础性工作。按照《国务院办公厅关于印发第二次全国污染源普查方案的通知》（国办发〔2017〕82 号）等的要求，河南省建立健全机构、落实人员和经费、编制印发方案和要点，始终坚持"数据质量是普查工作的生命线"的基本要求，在工作中找准重点、难点和突出问题，精心组织，狠抓质量，加强指导，勇于创新，持续强化质量管理工作。

河南省将强化质量管理工作贯穿普查全过程，通过建立健全质量管理制度、强化督查督办、加强技术指导、开展精准帮扶等多种手段，确保普查数据质量。前期准备阶段，及时落实普查专用办公场所和相关软硬件设施，落实普查专职人员和专项经费，明确普查质量责任人，制定普查调度、督查督办、数据溯源等一系列制度和规范，在全省范围内建立起一套切实可行的普查数据质量保障体系。清查建库和全面普查阶段，坚持以提高数据质量为核心，以数据审核和质量核查为抓手，以关键节点逐日调度、不定期督查检查、重点地区帮扶指导等为手段，实施全过程质量控制，不断提升数据质量，确保普查数据经得起历史的检验。

8.1 质量管理工作开展情况

8.1.1 前期准备阶段

前期准备阶段，在河南省政府的领导下，河南省普查领导小组办公室（设在河南省生态环境厅，以下简称河南省普查办）切实加强组织协调和指导职责，开展前期准备工作调度和检查，督促全省各级、各有关部门成立普查机构，落实人员经费，规范"两员"选聘及管理，逐步建立质量管理制度，为普查工作全面开展奠定了基础。

（1）加强普查组织领导

2017 年 5 月，河南省政府成立了省普查领导小组办公室；2017 年 6 月，河南省普查办下发《关于开展河南省第二次全国污染源普查的通知》（豫污普〔2017〕1 号），明确了各项工作任务，确定了河南省普查办成员名单；2017 年 7 月，原河南省环境保护厅成立了省普查工作办公室，落实了 10 名专职工作人员；随后，原河南省农业厅、省畜牧局等普查主要成员单位也相继成立了厅（局）内部普查机构。

同时，河南省普查办通过实施调度、检查，加快推进市、县普查机构建设，截至 2018 年 4 月，全省各市、县均成立了普查领导小组和领导小组办公室。

2017 年 10 月，河南省普查办召开了"全省第二次全国污染源普查工作管理会议"，河南省普查办各成员单位有关人员，全省各地级、县级环保局分管领导，普查工作办主任及工作人员参加了会议。

2017 年 12 月，河南省政府办公厅印发了《河南省第二次全国污染源普查工作方案》（豫政办明电〔2017〕161 号），明确了普查目标、对象、内容、技术路线和质量管理要求。2018 年 1 月和 3 月，河南省普查办先后印发了《河南省第二次全国污染源普查工作要点》（豫污普办〔2018〕5 号）、《2018 年河南省第二次全国污染源普查工作计划》（豫污普办〔2018〕8 号），进一步细化普查各项工作要求。全省各市、县均按要求印发了辖区普查工作方案。

2018 年 5 月，河南省政府组织召开了河南省环境污染防治攻坚战调度推进会暨第二次全国污染源普查工作推进会议。会议在省政府设主会场，各地级、县级行政区设分会场，乡镇级分管负责人到所在县级行政区分会场参会。

（2）实施普查调度制度

为及时了解各地普查工作进展情况和存在的问题，督促各地加快推进工作，2017 年 9 月，河南省普查办印发《关于调度我省各地第二次全国污染源普查工作进展情况的通知》（豫污普办〔2017〕3 号），开始对各地普查工作开展情况实施日常调度。此后，河南省普查办始终将调度工作贯穿普查全过程。

调度内容最初包括机构建立、人员经费落实、办公场所落实、专网联通等工作，后根据普查工作进度和阶段性目标，不断进行调整和更新，调度频次也根据工作需要不断进行调整。对于推进缓慢的事项，组织开展相应的专项调度；对于关键任务，为确保按时完成，开展周调度或日调度，每周（日）通报工作进度，直至任务完成。

（3）落实普查专项经费

按照《关于印发〈第二次全国污染源普查项目预算编制指南〉的通知》（国污普〔2017〕3 号）的要求，结合河南省实际，河南省普查办协调原河南省农业厅、省畜牧局等普查主要成员单位，并指导各地，组织开展普查经费预算编制工作。2017 年 10 月，河南省普查办向省财政厅报送了《河南省第二次全国污染源普查省级经费预算》，随后又报送了《关于河南省第二次全国污染源普查经费预算申报和保障有关情况的函》《关于对河南省第二次全国污染源普查省级经费预算的意见和建议》，积极协调、主动沟通普查经费预算事宜。经过争取，2018 年河南省落实省级普查经费 3 197.4 万元（其中生态环境部门 2 099.4 万元，农业、畜牧部门 1 098 万元）；2019 年落实省级普查经费 589.1 万元（其中生态环境部门 475.4 万元，农业、畜牧部门 113.7 万元）。此外，2017 年，经河南省环境保护厅内部资金调配，河南省普查办落实 2017 年普查经费 110 万元。综上，河南省共落实省级普查专项经费 3 896.5 万元。

在指导各地开展预算编制、申报的基础上，为督促加快落实普查经费，河南省普查办专门向各地级市政府发送了《关于加快落实第二次全国污染源普查专项经费的函》（豫污普办函〔2018〕4 号）。调度结果显示，2017—2019 年河南省地级、县级共落实经费 4.55 亿元。

（4）建立质量管理制度

河南省普查办及时转发了《国务院第二次全国污染源普查领导小组办公室关于第二次全国污染源普查质量管理工作的指导意见》（国污普〔2018〕7号）、《国务院第二次全国污染源普查领导小组办公室关于做好第二次全国污染源普查质量核查工作的通知》（国污普〔2018〕8号），并按照国家要求，明确了各地普查质量负责人。随后，河南省普查办针对河南实际情况，印发了《河南省第二次全国污染源普查质量管理工作方案》（豫污普办〔2018〕20号），确立了全过程、全员和分级质量管理原则，明确了普查各关键环节的质量管理的重点工作，建立了质量溯源制度，明确了所有参与普查工作人员的责任，推进了河南省普查质量管理的制度化和规范化。

（5）规范"两员"选聘管理

"两员"选聘工作是普查工作的重要环节。河南省普查办及时转发了《关于第二次全国污染源普查普查员和普查指导员选聘及管理工作指导意见的通知》（国污普〔2017〕10号），并结合实际提出了具体要求。随后，又印发了《关于做好河南省第二次全国污染源普查普查员和普查指导员选聘及管理工作的通知》（豫污普办〔2018〕9号），进一步细化"两员"选聘及管理要求，规定了选聘程序，明确环保、农业和畜牧部门"两员"选聘的职责分工。全省共选聘"两员"29 966人，其中环保部门选聘23 585人，畜牧部门选聘5 152人，农业部门选聘1 229人。为加强"两员"证件管理，河南省普查办按照国家"两员"证件式样，统一组织印制全省"两员"证件，确保了证件的权威性和规范性。

（6）引入第三方机构

《关于做好第三方机构参与第二次全国污染源普查工作的通知》（国污普〔2017〕11号）下发后，河南省积极引入第三方机构参与普查工作。河南省普查办通过公开招标等方式，先后确定了江苏润环环境科技有限公司、郑州大学等4家单位承担省级普查不同阶段的数据审核及汇总、质量核查、网络运维、档案整理等技术支持工作。原河南省农业厅和省畜牧局也陆续引入第三方机构参与普查工作。为加强对全省普查第三方机构的管理，河南省普查办对各级引入第三方机构情况实施定期调度，全面掌握第三方机构参与普查的地区、数量和工作内容，及时进行工作指导和监督。

（7）开展普查督导检查

为加快推进各地普查前期准备工作，及时解决存在的问题，2017年11月和2018年1月，河南省普查办分两轮对各地级市及县（市、区）进行了全覆盖式督导检查，督导内容涵盖普查机构建立、预算编制及经费落实、办公条件保障、环保专网联通、普查实施方案编制、部门分工及其他重点工作开展情况等。检查过程中，河南省普查办坚持问题导向，立足于发现问题并及时协调解决问题。检查结束后，河南省普查办组织各检查组全面总结各地工作进展情况、存在的问题，谋划下一步工作，有效推进了全省普查工作的开展。

8.1.2　清查阶段

清查是普查工作中的关键和基础环节。按照"应查尽查、不重不漏"的原则，河南省严格落实国家关于清查工作的各项要求和规定，统一部署，上下联动，加强培训，精准指导，顺利完成全省清查工作，夯实全面普查工作基础。

（1）抓好清查基础工作

河南省普查办扎实做好清查基础工作，结合河南实际，先后组织了三期全省清查业务培训，提高各地普查人员业务水平。随后，地级、县级普查机构也相继组织开展了辖区清查有关技术培训。原河南省畜牧局也组织了全省畜禽养殖清查专项培训。河南省普查办还统一印制了全省清查报表，发放各地使用，规范报表填报。

（2）强化清查业务指导

河南省普查办在及时转发国家各项清查技术规定的基础上，结合工作进展，2018 年 3 月印发了《关于河南省第二次全国污染源普查统一规范使用区划代码的通知》（豫污普办〔2018〕10 号），指导各地按国家要求划分普查小区，完善和规范区划代码；2018 年 4 月印发了《关于加快推进河南省第二次全国污染源普查清查建库工作的紧急通知》（豫污普办〔2018〕13 号），进一步明确和细化清查工作任务和要求。原河南省畜牧局也切实加大对畜禽养殖清查工作的指导，专门印发了《关于开展规模化畜禽养殖场普查清查工作的通知》（豫牧畜〔2018〕28 号）。

为便于基层普查人员熟练掌握清查各项技术要求，河南省普查办针对五类污染源调查对象，分别录制了电子清查表格填报、清查软件填报等共计 10 个演示视频。演示视频最大限度地模拟了基层普查人员的实际录入过程，并对相关表格填报过程注意事项做了重点标记，对规范清查表填报和录入起到了积极作用。

（3）分解下发清查底册

2018 年 2 月，河南省普查办及时分解下发了国家清查名录库底册（36.7 万家）。随后，又协调到省工商、税务、统计、畜牧、质监、水利等部门名录，与国家下发的名录库进行比对、去重后，确定省级新增清查底册共 15.9 万家，再次分解下发给各地。地级普查机构通过协调当地有关部门名录，经比对、去重后，对省级下发的清查底册又进行增补，最终形成了有 58.1 万家清查对象的全省清查底册。此外，根据省质监局提供的 8 792 台锅炉名录、省水利厅提供的 1 747 个入河排污口，初步建立了省级生活源锅炉和入河排污口清查底册。

（4）组织入户摸底排查

清查入户工作启动后，河南省普查人员按照普查小区登门入户、逐一摸底排查，对清查底册进行排重补漏，核实完善清查对象信息。入户期间，河南省普查办充分利用微信工作群、QQ 群等交流工具，随时随地解答各地问题；以"给各地普查办主任的一封信"的形式，提醒、指导各地按技术要求开展清查，避免出现系统性偏差。经过 4 个多月的艰苦努力，全省普查人员在实地摸排了 58.1 万家清查底册对象的基础上，初步确定了普查对象 13.93 万个，并掌握了普查对象的基本信息。

（5）强化清查数据审核

清查阶段，河南省普查办组织编制《河南省第二次全国污染源普查清查表格填报及审核指南》和《河南省清查数据汇总审核实施方案》，指导各地开展数据填报和审核工作。河南省普查办根据各地工作进展，主动服务，对其上报数据做到报一个审一个，随时对接，随时沟通指导。对于工作基础薄弱的市、县，多次组织专项审核，有针对性地进行指导、帮扶。此外，河南省普查办还组织了为期1周的全省清查数据集中审核会，采取一对一的方式，由省级技术人员对各地级市逐一面对面指导，现场修改完善数据。集中审核结束后，河南省普查办持续开展了多次复核，并结合国家审核反馈意见，组织各地进行整改，最终通过了国家清查数据审核软件"零错误"审核，建立了全省普查名录库。

（6）开展清查工作检查

清查阶段，河南省普查办印发了《关于开展河南省第二次全国污染源普查前期准备及清查阶段工作检查的通知》（豫污普办〔2018〕23号），组成4个检查组，对各地级市开展了全覆盖式检查，并随机下沉至县级行政区进行抽查。检查内容涵盖了前期准备及清查阶段工作开展情况，包括机构人员、资金落实、"两员"选聘和管理、第三方选聘及管理、清查表填报、调度和督办、普查宣传和培训、信息化建设等方面，有力地促进了各地工作的开展。

（7）精心组织质量核查

为保证全省清查工作质量，确保清查建库不重不漏、各类源信息真实可靠，河南省普查办印发《河南省第二次全国污染源普查前期准备及清查阶段省级质量核查方案》（豫污普办〔2018〕24号），于2018年6月下旬至7月上旬组织开展了河南省省级质量核查工作。此次核查共设9个核查组，每组由河南省普查工作办、原省畜牧局普查工作办处级领导及部分地级市主管局长任组长，每组成员由省级普查人员（环保和畜牧）、市/县环保和畜牧普查技术骨干、第三方技术支持人员等10余名组成。另设1个巡查组，由省普查办副主任、原河南省环境保护厅副厅级领导任组长，成员由河南省普查办有关人员组成，负责对各核查组工作情况进行巡查监督。开展核查前，河南省普查办组织对所有参加核查的人员进行了业务培训，确保各核查组按照统一规范开展核查。

此次核查，全省共选取了36个县级行政区、142个乡镇级行政区，采用以现场核查为主，资料查阅、听取汇报、座谈讨论等方式为辅的方式开展。各核查组克服高温酷暑、成员身体不适等困难，圆满完成了现场核查任务。现场核查结束后，河南省普查办组织召开了省级质量核查总结会，听取了各核查组工作开展情况，总结了核查成果，梳理了存在的问题，并提出了下一步整改措施。随后，河南省通过省政府新闻发布会，发布了此次核查结果信息。

8.1.3　全面普查阶段

2018年8月，部普查办组织召开了"第二次全国污染源普查工作推进视频会议"。会后，河南省迅速行动，认真贯彻落实会议精神，全面部署河南省入户调查工作，普查工作进入全面普查阶段（含入户调查与数据采集、数据汇总）。该阶段是污染源普查最关键、最艰难的阶段，涉及范围广、技术环节多、工作要求高。河南省普查办进一步完善质量管理体系，克难攻坚、统筹推进，组织开展全面普查阶段工作。

（1）信息化建设

河南省采用政务云建设省级普查数据处理中心，先后完成基础环境部署和普查软件安装等工作。按照国家关于手持移动终端（PAD）配置要求，河南省普查办统一采购600台，配发至各市、县普查小组；

同时，河南省普查办还指导各地结合当地实际，开展 PAD 采购工作，全省共采购 PAD 6 900 余台，有力地保障了普查数据采集需求。

（2）试填试报

在入户阶段初期，为更好地指导各地填报普查表，河南省普查办组织省级第三方技术人员开展了普查表试填试报，结合河南省行业特点，选取化工、建材、机械、食品、集中式污水处理设施等普查对象，深入企业现场，逐项进行试填报，掌握了大量第一手资料。试填报结束后，河南省普查办及时总结填报经验，组织技术人员制作了五类源及部分重点行业填报示例，为各地填报普查表提供了参考。同时，各地也开展了入户调查资料收集及普查表试填报工作，积极为全面入户普查做准备。

（3）普查培训

普查人员的业务能力是决定普查工作成败的关键。为切实提高普查人员业务能力，河南省狠抓业务培训，河南省普查办专门印发了《河南省第二次全国污染源普查技术培训实施方案》，确定了省级采用分期、分批、分片的培训方式，并高标准完成省级普查技术培训 6 期，培训市、县师资 1 600 余人次，还举办全省普查主任培训班 1 期，培训人员 100 余人次；原河南省农业厅举办全省农业源普查技术培训 3 期，培训市、县技术骨干 600 余人次；原河南省畜牧局分别在 18 个地级市、8 个县级行政区举办省级畜禽养殖普查技术培训 26 期，培训人员 5 000 余人次。河南省各地均开展了辖区入户调查技术培训工作，其中地市级共开展培训 75 期，9 900 余人次；县级共开展培训 545 期，29 000 余人次。

（4）入户调查

各项准备工作完成后，河南省启动了入户调查和数据采集工作，河南省近 3 万名普查人员奋战在一线，白天深入企业和村镇、社区，采集普查数据和空间信息，填写普查报表；晚上核实数据，逐项录入到专网系统。入户调查期间，河南省各地因地制宜，采取多项措施推动工作，亮点纷呈。如濮阳、开封等市召开了由主管市长参加的全市入户调查动员会；开封市将普查工作列入全市污染防治攻坚任务之一，坚持"每日三个一"制度，即日例会、日调度、日通报，确保日事日清；驻马店市组织市级技术人员对辖区代表性行业进行入户调查，制成样本和模板在全市推广；商丘、信阳等市成立市级技术服务机动小组，下沉至各县（市、区）现场解决问题；郑州市制定了《第三方机构管理指导方案》，充分发挥第三方技术优势，同时加大宣传力度，制作了普查宣传片，在郑州电视台连续播出，营造了良好的舆论氛围。经过全省普查人员近 4 个月的艰苦努力，河南省全面完成了入户调查和数据采集任务。

（5）产排污核算

产排污核算期间，河南省普查办始终坚持"抓进度、保质量"的工作方针，率先对电力、水泥等重点行业开展产排污试核算工作，重点审核与产排污核算相关的重要指标填报的完整性和合理性，对存在的问题进行总结。举办全省普查产排污核算培训会，解读各类源核算方法、核算要点及注意事项，组织地级、县级普查技术骨干开展集中答疑，解答 G106 表填报和产排污核算过程中的共性问题。收集、整理各地市产排污核算问题，按照国家有关指导意见和要求，结合河南省实际，按行业、分地市进行归类，以问答形式汇编成册，形成《河南省第二次全国污染源普查产排污核算及相关问题答疑汇编》，供各地参考。

此外，作为全国5个核算软件试点省（自治区、直辖市）之一，河南省根据国家试点安排，组织各市、县对产排污核算软件进行全面测试，测试范围涵盖全省所有污染源类型和行业门类。河南省普查办对测试过程中遇到的问题逐一验证，并及时向部普查办反馈测试结果，顺利完成核算试点任务。

（6）数据审核

河南省普查办坚持以普查数据审核为抓手、以数据整改完善为手段，不断提升数据质量。一是建立数据审核体系，提高审核效率。参照国家普查制度、审核细则、问题答疑、培训教材等资料，制定了河南省审核和汇总规则，开发了河南省普查数据审核及汇总软件系统，实现通过计算机对基表中普查数据的全指标审核和统计指标汇总。二是建立省、市、县三级普查机构联动审核的模式，组织对全省普查数据开展了七轮全要素数据审核。三是组织集中会审和交叉互审。通过这种边培训、边实操的审核形式，各地充分交流了经验，不仅提高了技术人员数据审核业务水平，而且全面提升了普查数据质量。四是完成国家审核意见整改。针对国家数据审核反馈的问题，河南省普查办组织技术力量进行认真分析，提出整改意见，并及时分发至各地，指导各地进行逐一核实、说明，不断提升数据质量。

（7）数据汇总

河南省普查办从多个角度对普查数据汇总结果进行分析、研判，一是通过匹配、排序、占比等方法，分析河南省工业企业各项污染物产排放量的区域和行业占比，找出异常值，排查异常原因；二是分地市汇总能源、取水量、主要产品产量、常住人口等重点指标，与其他部门统计结果进行比对，分析偏差原因，并开展数据纠偏和整改；三是分地市、分行业将各类源、各类污染物的排放量与环境统计、排污许可证管理等数据进行偏差比对分析，溯源查找偏差原因；四是将各地市全行业工业污染源单位产值的能源消耗量、水消耗量、主要原辅材料用量、污染物产排放量等关键指标，与全省均值进行比对分析，查找偏差过大的行业，开展进一步核实；五是召开河南省第二次全国污染源普查数据行业专家审核会议，邀请行业专家对化工行业、印染行业、橡胶行业、皮革行业、石油行业等重点行业的普查数据进行审核把关。

（8）督导检查

入户调查期间，河南省普查办印发《河南省第二次全国污染源普查入户调查阶段省级督查工作方案》（豫污普办〔2018〕39号），对全省所有地级市［每市下沉2～3个县（区）］开展全覆盖督查。此次督查共设4个督查组，每组由河南省生态环境厅或原河南省畜牧局普查工作办处级领导带队，通过座谈交流、资料查阅、听取汇报、现场查勘等方式，针对入户调查阶段质量管理、普查表填报进度和填表质量等方面进行督查。此次督查工作与技术指导紧密结合，一方面强力推进了入户调查工作的开展，另一方面及时发现和解决了各地存在的技术问题。

（9）帮扶指导

河南省普查办印发了《河南省第二次全国污染源普查质量提升指导工作方案》（豫污普办〔2019〕2号），由河南省普查办处级领导带队，组织有关技术人员对普查工作薄弱市、县开展了质量帮扶指导。各工作组深入县（市、区）一线，采用现场"传帮带"的形式，通过查阅资料、审核指导、座谈答疑、现场核实等方式，指导市、县对汇总数据进行宏观审核、评估；同时抽取一定数量的普查表，指导市、县进行微观审核，共同深入企业进行现场核实。通过开展质量帮扶，有效提高了基层普查人员的数据审核能力，提升了当地普查数据质量。

（10）质量核查

全面普查阶段，河南省严格按照国污普〔2018〕8 号文件要求，分入户调查与数据采集、数据汇总两个阶段分别开展了质量核查工作。河南省普查办经过多次论证、试评估，分别印发了《河南省第二次全国污染源普查入户调查与数据采集阶段省级质量核查方案》（豫污普办〔2018〕42 号）、《河南省第二次全国污染源普查数据汇总阶段省级质量核查方案》（豫污普办〔2019〕5 号）；编制了两个阶段核查工作手册，对核查内容及方式方法进行了细化；举办了省级质量核查培训班，对所有参与核查的人员实施统一培训；两个阶段均选取 35 个县级行政区开展了现场核查；现场核查结束后，河南省普查办组织召开了省级质量核查结果会审会，集体审核核查结果。

（11）系统并库

在部普查办的支持下，河南省于 2019 年 3 月选取 8 个县级行政区开展系统并库测试。随后，组织各地顺利完成了全省普查数据并库工作，成为全国第 3 个完成并库工作的省级行政区。

8.2　工作经验总结

普查工作开展 3 年多来，河南省克难攻坚，扎实推进，勇于创新，强化管理，做到规定动作不折不扣，自选动作灵活有效，圆满完成了各项普查任务，有关经验总结如下：

（1）积极创新，完善质量管理体系

河南省立足实际，积极创新，不断完善质量管理体系。前期准备阶段，河南省普查办出台《河南省第二次全国污染源普查质量管理工作方案》（豫污普办〔2018〕20 号），确立全过程、全员和分级质量管理原则，建立质量溯源制度，强化责任管理，推进河南省普查质量管理的制度化和规范化。全面普查阶段，又研究出台《河南省第二次全国污染源普查入户调查阶段质量管理工作规范》（豫污普办〔2018〕40 号），对入户调查、基础数据采集、污染物产排量核算、普查表审核和录入等环节提出了明确的质量控制要求，规范普查行为。随后，又印发了《河南省第二次全国污染源普查数据质量溯源管理工作要点》（豫污普办〔2018〕41 号），强化普查各个环节的溯源管理，确保普查过程可控可溯、普查数据真实准确、普查成果经得起检验。

实施普查调度制度。2017 年 9 月，河南省普查办下发《关于调度我省各地第二次全国污染源普查工作进展情况的通知》，对各地普查工作实施月调度和不定期通报制度。此后，河南省坚持将调度工作贯穿于普查全过程，根据每个阶段的工作重点，不断调整调度内容和调度频次，通过调度及时掌握各地工作进展，进而推动工作。

强化普查工作督办。河南省普查办对工作进展滞后市、县采取会议表态发言、向当地政府下发督办函和新闻发布会通报等措施强化督办；针对农牧部门落实资金不力的问题，向各地政府下发加快落实资金的督办函，推动解决基层经费保障不足问题。

（2）明确分工，建立部门协作机制

河南省普查办切实履行普查工作的牵头、组织职责，积极协调 16 家成员单位，建立健全了部门协作、配合工作机制。2017年11月，河南省普查办印发了《河南省第二次全国污染源普查部门分工》（豫污普办〔2017〕6号），明确了农业、畜牧、水利等各部门的普查工作职责，夯实了部门责任。创建了普查成员单位工作群，及时发布工作进展信息，讨论解决有关问题。在普查工作开展过程中，河南省普查办多次赴河南省财政厅、统计局、住建厅、原省农业厅、原省畜牧局和省水利厅等普查主要成员单位进行沟通协调，商议解决有关问题，共同推进工作。在质量核查、督导检查、数据审核、国家反馈问题整改、普查验收等工作中，河南省普查办牵头，组成由各部门参加的联合工作组，共同开展工作。例如，在数据审核关键时期，原河南省农业厅、省畜牧局派出技术骨干，长期在河南省普查办办公，共同解决问题，有效地推动了普查工作进展。

（3）严格规范，做好"两员"选聘管理

河南省切实加强"两员"选聘、管理工作。在国家关于"两员"选聘管理的文件基础上，结合实际印发了《关于做好河南省第二次全国污染源普查普查员和普查指导员选聘及管理工作的通知》（豫污普办〔2018〕9号），进一步细化"两员"选聘及管理要求，规定了选聘程序。该文件具有地方特色的创新性规定，得到了部普查办领导的赞誉。河南省普查办采取一系列措施，强化"两员"选聘和管理：一是编制了《普查基本知识问答》，上传到省生态环境厅门户网站普查专栏，供"两员"及公众学习参考；二是明确要求各级选聘的"两员"必须经培训、考试合格后，才能办理聘任手续；三是在开展的督导检查和质量核查过程中，始终将各地的"两员"选聘工作作为重要内容之一；四是确立了"谁聘任，谁管理"原则，规定"两员"只能在被聘任的区域内开展普查工作；五是按照国家颁发的"两员"证件式样，由河南省普查办统一印制全省"两员"证件，确保了证件的权威性和规范性；六是规定各级上报省级"两员"名单必须加盖公章确认，由河南省普查办对全省"两员"统一登记造册，统一管理。

（4）精心组织，切实抓好普查培训

普查人员业务能力和素质是决定普查数据质量的关键，强化人员培训和业务指导至关重要。河南省印发了《关于上报河南省第二次全国污染源普查省级培训师资人员名单的通知》（豫污普办〔2018〕28号），在全省范围内召集业务骨干近500名［每地级市5人、每县（市、区）2人］，确定为省级培训师资人员，由河南省普查办统一培训并配发数据采集工具，在全省范围内建立起一个技术力量过硬的普查师资团队，成为普查工作顺利开展的中坚力量。

河南省普查办切实抓好全省普查业务培训环节，先后印发了《2018年度河南省第二次全国污染源普查省级培训计划》（豫污普办〔2018〕22号）、《河南省第二次全国污染源普查技术培训实施方案》（豫污普办〔2018〕32号），明确了省级分阶段、分期、分片区、分行业的培训方式，实施交叉、压茬培训，将普查培训贯穿普查的全过程。全面普查期间，河南省先后举办各类省级培训班31期、培训10 820人次；地级、县级普查机构共组织培训1 969期、培训13万余人次，确保培训全覆盖、全方位，为开展普查工作打下了坚实的基础。

（5）严格把关，扎实开展数据审核

数据审核工作是普查质量控制的重要环节。河南省立足省情，借力第三方技术力量，大胆创新，多措并举，扎实做好数据审核工作。河南省普查办先后制定了《河南省第二次全国污染源普查清查表格填报及审核指南》《河南省清查数据汇总审核实施方案》《河南省第二次全国污染源普查表格填报及审核技术指南》《河南省第二次全国污染源普查数据审核工作方案》等文件资料，指导各地开展数据审核工作。清查阶段，借助 Excel 软件的函数透视表等工具逐项开展审核，有效地降低了数据重复和差错率；数据采集阶段，通过自主开发的数据审核软件系统，实现计算机全指标基表审核，提高了审核效率。建立省、市、县三级普查机构联动审核的模式，在普查数据审核阶段组织对全省普查数据开展了七轮全要素数据审核。此外，河南省多次组织集中会审和交叉互审，通过这种以会代训、代培的审核形式，交流了经验，提高了水平，保证了数据质量。

（6）深入基层，开展现场督导检查

为加强普查质量管理工作，河南省在普查初期就建立了全面与重点相结合、定期与随机相结合、明察与暗访相结合的督导检查制度，在前期准备、清查建库、入户调查与数据采集等关键阶段，河南省普查办均组织对全省所有地级市开展了全覆盖式督导检查。每次督导检查，均制定了详细的工作方案，明确工作内容，并结合日常调度情况，确定工作重点。在督导检查中，坚持与技术指导紧密结合，以促进工作为目的，立足于发现问题并帮助解决问题，极大地推动了各地普查工作进展。督导检查结束后，各检查组均形成了工作报告，总结经验，提出工作建议，为下一步工作开展厘清了重点、提供了思路。

（7）周密部署，开展质量核查和评估

按照《关于做好第二次全国污染源普查质量核查工作的通知》（国污普〔2018〕8 号）的要求，河南省分前期准备及清查、入户调查与数据采集、数据汇总 3 个阶段，分别开展了省级质量核查工作，并指导各地市开展了市级质量核查工作。河南省质量核查工作坚持"程序标准化、人员专业化、内容特色化"，以确保核查取得实效。

一是程序标准化。河南省普查办优化工作部署，规范各阶段质量核查程序，每次核查均按以下流程开展工作：编制核查方案（初稿）和现场核查手册—实地开展试核查—正式印发核查方案—对核查人员进行全员培训—全覆盖现场核查—分地市编写核查报告—集体审核核查结果—通报核查结果。在正式核查前，河南省普查办均选取部分市、县，开展试核查工作，以验证核查内容和步骤的合理性和可行性，进一步优化核查方案和工作手册，为正式开展核查积累经验。

二是人员专业化。省级质量核查由河南省普查办统一组织，环保、畜牧、农业多部门参加，同时抽调第三方机构技术人员、市/县业务骨干参与，共同组成质量核查组，确保了核查队伍的专业化。现场核查时，核查组成员各司其职、各负其责，协作配合完成核查任务，保证了核查效果和质量。

三是内容特色化。河南省普查办以国污普〔2018〕8 号文确定的核查内容为基础，结合河南省实际，经充分论证、研究，增加了符合河南特点的核查内容，细化、量化有关指标，提高了核查评估的严谨性和可操作性。河南省制定了详细、周密的核查方案和核查工作手册，从技术上、组织上、管理上等多个维度规范核查流程，细化核查步骤，确保国家规定动作不走样，自选动作有特色。

此外，河南省每个阶段质量核查均成立了巡查组，对各核查组进行监督，严肃工作纪律，确保核查质量。在核查中坚持问题导向，边核查边指导，督促各地立整立改，勘误补漏，确保核查取得实效。

（8）先行先试，积极开展国家试点

河南省积极响应国家号召，精心组织国家普查试点申报工作。2018 年 2 月，河南省荥阳市（县级市）被选取为国家试点。荥阳市高度重视，成立了由主管副市长任组长、17 个市直部门和 15 个乡镇（街道）主管领导为成员的普查领导小组；市政府印发了试点方案；市财政安排了普查专项经费 679.2 万元，保障试点工作的开展；按照村级推荐、乡镇审核、市级选聘的原则，选聘了近 500 名"两员"，组建了普查基本队伍；通过公开招标，引入 3 家第三方技术单位，承担有关技术支持工作。试点工作实施目标责任制、工作承诺制和工作保密制 3 项普查基本制度，探索实施了"四查法"，积极尝试，大胆创新，圆满完成各项试点任务，顺利通过试点验收，获得部普查办的充分肯定。

在荥阳市试点工作开展过程中，河南省普查办多次赴该市开展调研指导，并将该市经验在全省推广，切实发挥其示范带动作用。荥阳市试点工作也得到部普查办的大力支持，部普查办有关领导多次赴该市进行调研指导，并组织召开现场会，答疑解惑，帮助解决实际问题。

（9）合理借力，引入第三方技术力量

污染源普查是一项庞大的系统工程，专业性强、技术难度大、质量要求高。按照《国务院第二次全国污染源普查领导小组办公室关于做好第三方机构参与第二次全国污染源普查工作的通知》（国污普〔2017〕11 号）的要求，河南省普查办先后选聘了 4 家技术单位，分别承担省级普查不同阶段的数据审核及汇总、质量核查、网络运维、档案整理等技术支持工作。在普查工作的各个关键节点，第三方技术力量均做出了重要贡献。他们勇于创新，编制各阶段核查工作手册，细化、规范工作流程，使核查工作更具有操作性，确保了核查成效。

据统计，河南省各地有近 150 家第三方机构参与普查工作，主要承担普查各阶段技术指导、质量评估、环境监测、信息系统建设与运维、技术报告编制等工作，他们充分发挥了自己的专业技术优势，为普查工作顺利完成提供了重要支撑和保障。

9　重庆市

9.1　质量管理工作开展情况

为保障普查工作质量，重庆市在清查建库、全面普查两个核心阶段通过建立重庆市污染源普查质量管理体系，实现全员、全过程、全域的普查质量控制，使普查结果全程可追溯。明确各级普查办为本辖区污染源普查质量管理的责任主体，印发了一系列质量管理文件和工作方案（表 9-1），力争围绕"全面、真实、准确"的目标要求，体现"重庆质量"。

表 9-1　重庆市普查质量管理文件和工作方案清单

序号	文件号	文件名
1	渝府办发〔2017〕189 号	关于印发重庆市第二次污染源普查实施方案的通知
2	渝污普〔2018〕23 号	关于做好第二次污染源普查质量管理和质量核查工作的通知
3	渝污普〔2018〕24 号	关于做好第二次污染源普查清查工作的通知
4	渝污普〔2018〕28 号	关于印发重庆市第二次污染源普查清查质量核查工作方案的通知
5	—	重庆市第二次全国污染源普查质量控制办法及实施细则
6	渝污普〔2018〕35 号	关于转发《第二次全国污染源普查制度》和《第二次全国污染源普查技术规定》的通知
7	渝污普〔2018〕36 号	关于进一步做好普查入户调查工作的通知
8	—	关于开展第二次污染源普查清查结果核实与整改的通知
9	渝污普〔2018〕39 号	关于印发《重庆市第二次污染源普查入户调查市级质量核查工作方案》《重庆市第二次污染源普查入户调查市级质量核查技术要求》的通知
10	—	关于转发《第二次全国污染源普查质量控制技术指南》的通知
11	渝污普〔2019〕5 号	关于印发《重庆市第二次全国污染源普查 2019 年及后续工作要点》的通知
12	渝污普〔2019〕11 号	关于开展重庆市第二次污染源普查质量核查工作的通知

（1）划分各级普查质控责任

重庆市普查办对全市普查质量管理工作负领导和监督责任；区县普查办对辖区普查质量管理工作负领导和监督责任；第三方机构对其承担的普查工作依据合同约定承担相应责任；普查员对普查表填报项目是否齐全、是否符合指标解释要求负责，对普查对象数据来源以及普查表信息的完整性和合理性负初步审核责任；普查指导员对普查员提交的普查表是否符合技术规定及入户调查信息负审核责任；普查对象对提供的有关佐证材料以及填报的普查表的真实性、准确性和完整性负主体责任。

（2）明确各级普查质控负责人

重庆市普查办和各区县普查办均明确一名质量负责人，对污染源普查各阶段、各环节实施质量管理和检查，收集、整理、分析各阶段污染源普查质量的相关数据，及时向同级普查办反映情况和存在的问题，提出保证普查质量的建议和措施。

（3）建立数据质量溯源制度

建立健全数据产生、记录、汇总、核查等主要环节的工作记录。普查表填报过程中，普查员亮证并介绍普查内容，依据普查对象提供的填报所需相关资料，在移动终端录入普查信息，并进行数据校核；普查对象负责人对填报信息进行现场确认，并在普查质量控制单上签字；普查指导员对普查员提交的普查信息进行系统审核并确认；重庆市及各区县普查办对普查指导员审核后的普查信息进行审核，重要阶段组织现场核查并保留核查记录。

9.1.1　清查建库

第二次全国污染源普查清查建库阶段，重庆市通过前期准备帮扶对各级普查机构的完善建立进行指导。采用清查试点的方式选取具有代表性的区县"先试先行"开展清查工作，为全市清查工作提供成功经验。确定"4130"工作程序，保证清查建库全过程质量。进行名录库比对工作，确保普查对象不重不漏。

9.1.1.1　前期准备帮扶

（1）工作部署及推进

通过对区县机构设立及人员配备、方案文件下达、工作动员部署情况、区县普查工作调度与督办和入户调查宣传等部署推进工作进行帮扶，及时完善各项工作中的缺陷。

重庆市普查办通过现场调研结合查阅区县普查机构相关会议纪要、文件等资料的形式，了解各区县污染源普查领导小组和工作办公室等机构设立、人员配备、办公条件落实情况，以及实施方案编制、经费预算与落实、工作动员部署质量。现场开展帮扶工作，及时解决完善存在的问题，各区县前期准备工作均顺利完成，机构设立满足标准。按照国家和重庆市文件要求，编制了第二次污染源普查实施方案，经费落实到位。各区县召开了有分管污染源普查工作领导参加的动员会议，同时通过播放普查宣传视频短片、组织开展污染源普查专题宣传周活动、邀请媒体参加污染源普查工作的活动、组织媒体进行集中采访和日常伴随式宣传等方式，多渠道、多角度、全方位地进行污染源普查宣传，广泛动员社会力量参与污染源普查。

（2）普查指导员和普查员管理

重点核查区县普查指导员和普查员培训记录、考试记录、证件发放记录、保密协议签订等情况。

各区县均严格按照国家和重庆市要求选聘普查指导员和普查员，普查指导员和普查员学历与数量符合国家要求。全市共选聘普查指导员 1 343 名，普查员 8 713 名。各区县普查指导员由重庆市普查办统一培训，均通过重庆市普查办考核并发放普查指导员证。普查员由各区县自行组织培训，考核通过后报重庆市普查办统一发放证件。随机抽取每个区县 5 名普查指导员和 10 名普查员进行电话询问或现场访谈，除部分因工作调整大部分普查指导员和普查员熟悉了解所负责的普查小区情况，并签订了保密协议。各区县同时制定了普查员和普查指导员管理办法，严格按照国家要求管理普查员和普查指导员。

9.1.1.2　清查建库试点

重庆市按照"先试先行、试出成效、总结推广"的思路，以验证并完善第二次全国污染源普查各类技术规定、报表制度与数据处理系统（含软硬件环境）为目标，选取巴南区、永川区开展名录库筛查试点工作；江津区、大足区开展入河排污口试点工作；重庆大学、重庆交通大学等专业技术团队研讨技术路线，编制试点实施方案，指导、配合试点区县开展工作。

（1）入河排污口清查试点

以摸清"底数"、发现入河排污口清查过程中的问题为出发点，江津区和大足区对本辖区纳入"河长制"管理的流域和水库排污口情况进行梳理，结合行政主管部门许可或备案情况，确定其中属于镇区范围内的，并通过沟、渠、管道等设施排放污水的排污口，筛查形成入河排污口清单。同时对相关资料进行核查，根据初步掌握的各排污口情况补充基础信息，形成入河排污口清查底册。

以入河排污口清查底册为基础，由各镇街组织专业人员采取沿河排查的方式，实地核实已在库排污口的详细信息，采集现场照片、记录实际情况，并逐一填报清查表；对于现场新发现的市政入河排污口，同步记录并补充有关信息上报。区县普查办对镇街上报数据进行了初步审核校对，完成入河排污口清查数据库并库工作。结合工作中遇到的问题，提出以下建议：

一是入河排污口所在地理位置与设置单位不在同一辖区的情况，建议明确以设置单位所属辖区来确定普查小区、明确普查开展单位。二是识别是否属于市政入河排污口的过程中发现，市区、县城和镇区的范围在实际操作中较难界定，建议以当地户籍情况作为主要参考来确定。三是部分雨水排污口存在间歇性生活污水混排情况，应明确此类型入河排污口界定方式。四是部分流域入河排污口点多量小的排污口较多，建议设置规模下限。

（2）点源清查试点

巴南区、永川区积极探索工作思路、流程和方法。针对重庆市下发的名录库，结合工商、税务、电力、环保等部门数据与环保系统掌握的"四清四治"、排污许可等台账梳理整合，采用"自上而下""自下而上"的方式增补企业进入清查底册。结合实际划分筛查小区，避免筛查死角并落实专人片区责任制。对镇街工作实时指导，上报数据逐一审核。在入户清查过程中，建立规范取证方式，要求提供现场企业状态、生产状况等影像佐证材料。总结了以下几个问题：

一是名录库信息不完整，体现在很多企业地址信息不完整，无法根据详细地址查找核实企业。二是名录库信息有误，体现在重庆市普查办下发的企业所在街道与详细地址不符、详细地址错误无法查找核实企业。三是企业状态界定不清，体现在全年停产和永久性关停不好区分。四是行业类别填写困难，体现在行业类别要精确到行业小类，归类比较专业，村居或企业人员填写难度大。五是企业诚信度问题，体现在部分企业不配合工作。六是企业流动性大问题，体现在许多企业规模小、流动性大，调查起来有难度。

9.1.1.3　"4130"工作程序

建立"4130"工作程序，即国家、重庆市、区县、乡镇（街道）4 级名录库筛查，普查员 1 级拉网式清查，普查指导员、区县普查办、重庆市普查办 3 级质量核查，实现清查名录库"不重、不漏、不错"的零差错目标。

（1）4级名录库筛查

部普查办将从国家工商、税务、质检、统计等部门以及环保日常管理统计获得的数据进行汇总筛查，形成了重庆市筛查初步名录。

重庆市、区县普查办在上一级普查机构下发名录的基础上，通过和同级工商、税务、统计等部门数据的比对分析，形成下发街道、乡镇的筛查名录。

街道、乡镇发挥街镇人员熟悉区域情况的优势，对下发的筛查名录库进行最终筛查，形成清查底册。为后期清查建库打下坚实的基础。

通过各类数据源名录比对、现场核实等方式，形成了重庆市名录库初步筛查名单。国家下发重庆市普查对象名单 133 682 个，重庆市通过工商、税务、统计等部门数据比对新增 45 752 个后下发各区县，区县接合部门及乡镇街道数据进行增补，最终确定全市纳入清查名录单位共计 245 557 个，见表 9-2。

表 9-2　重庆市单位名录筛查结果统计表　单位：个

区域	国家下发	市新增	下发区县	筛查结果
重庆市	133 682	45 752	179 434	245 557
各区	112 603	35 325	147 928	217 341
各县	21 079	10 427	31 506	28 216

（2）1级拉网式清查

按照"全面覆盖、不重不漏"的原则，各区县合理划分普查小区，组织普查人员按"一图一表"（一张普查区域地图和一套普查区域清查底册）标准配置开展各类污染源拉网式排查，确定普查对象数量。"一图"见图 9-1。

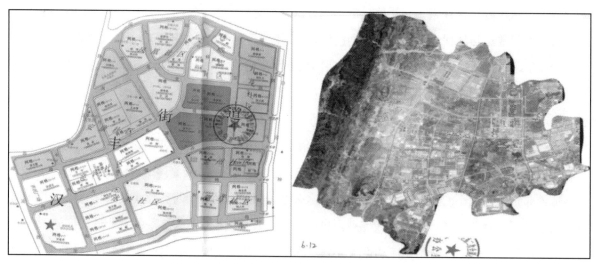

图 9-1　清查普查小区地图

普查人员现场采集了普查对象的名称、地址、坐标、企业状态等信息。对于已关闭、停产的企业，普查人员到达现场确认位置后，进行了定位并拍照，作为佐证资料存档备查。佐证材料表见图 9-2。

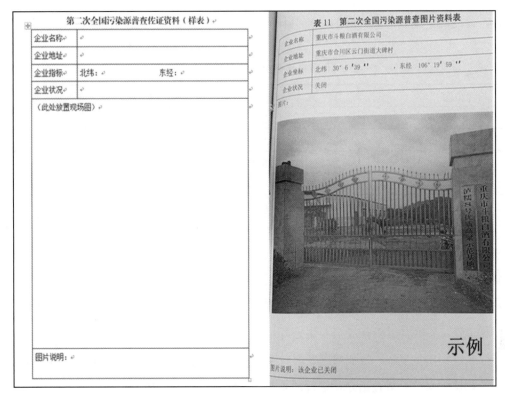

图 9-2　清查阶段关闭、停产企业佐证资料示意图

在普查小区划分争议较大的"三北"（江北区、渝北区、北碚区）与两江新区交界区域开展了普查小区划分专题研究（图 9-3），确定按"环境质量行政区负责""行政审批分级负责，逐步过渡"和"谁审批、谁监管、谁负责"的原则，结合《重庆市第二次污染源普查实施方案》工作要求，以有利于普查工作的原则妥善划分普查边界范围。为相似普查小区划分争议问题提供参考，避免出现普查"飞地"和"盲区"。

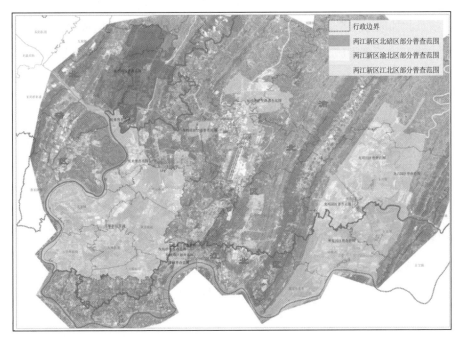

图 9-3　两江新区与"三北地区"普查边界图

经清查，最终确定纳入清查定库的对象共计 65 705 家，重庆市各类源清查数量见表 9-3。

表 9-3　重庆市各类源清查数量结果统计　　　　　　　　　　　　　　　　单位：家

污染源	清查底册数量	清查定库数量
总数	245 557	65 705
工业源	208 504	54 787
农业源	29 236	4 740
集中式污染治理设施	3 866	2 239
生活源	3 939	3 939
工业源中伴生矿	12	12

（3）3 级质量核查

清查建库阶段，重庆市实行三级数据审核制度。各区县清查质量核查工作分为两个层级，一是指导员复核普查员工作，各区县普查指导员（生态环境局、水利局、农业农村委）分别对负责的普查员按污染源类别进行全过程质量复核，发现问题及时核实整改；二是普查办复核指导员和普查员工作，各区县普查办组织专业技术人员对普查指导员进行质量复核，针对每个普查指导员负责的普查员至少选取 2 个普查小区，开展全面复核工作，累计复核普查小区 2 955 个，抽取样本总数 53 396 个，合格样本数 51 116 个，占比 95.7%。对核查发现的问题及时进行查漏补缺和修改完善。

重庆市普查办通过现场质量核查、填报信息抽样集中审核两种方式，对区县开展核查工作。充分把控数据填报的真实性与规范性。

重庆市普查办会同市农业农村委、市水利局先后开展北碚区、渝北区现场质量核查试点和核查人员实操培训，组织 220 名核查人员分为 20 个质量核查组，对全市其余 39 个区县清查情况开展质量核查。重庆市清查质量核查共抽取 261 个普查小区，核查工业源 8 641 个、规模化畜禽养殖场 835 个、入河排污口 591 个、集中式污染治理设施 181 个、生活源锅炉 197 台，全市清查建库漏查率为 1.2%，重复率为 0.36%，错误率为 2.9%。核查组及时向各区县反映核查结果和存在的问题，督促其整改落实，对重庆市质量核查评估不合格的区县进行了督办、通报、约谈，敦促其多次整改复核，并组织进行再次核查，直至实现普查对象"不重不漏"，确保了重庆市清查建库的数据质量。

2018 年 6 月 9—25 日，重庆市普查办对各区县初次上报清查结果进行抽样审核，对填报内容、形式进行规范；6 月 25—27 日，重庆市普查办会同市农业农村委、市水利局对区县清查结果开展集中会审，对清查数据的完整性、合理性、逻辑性、规范性和准确性进行严格审核，对全市数据进行全面把控和分析，及时剔除和修正不符合实际、不准确的数据和错误信息，形成最终清查名录库，并于 6 月 30 日正式报送部普查办；2018 年 7 月，针对部普查办质量核查反馈的问题，重庆市普查办组织各区县再次开展了清查数据审核、修改、补充、完善工作，并向部普查办报送了重庆市清查建库最终结果，为下一阶段开展入户调查工作打下了坚实基础。

重庆市在清查阶段工作中，精心组织、积极筹备，通过"先行试点"等方式，认真总结，探索出四级筛查工作方式并向全国推广，起到了表率作用，也为重庆市在后期国家清查质量核查中做到零漏源打好了基础。整体工作得到了部普查办的肯定，也得到了社会各界的认可。时任生态环境部李干杰部长、翟青副部长在污染源普查现场暨视频会、污染源普查工作推进视频会、污染源普查暨土壤详查视频会上，多次对重庆市普查工作予以高度肯定，认为清查工作做得好，普查工作有特色、有亮点。《中国环境报》头版以《重庆污染源普查亮点多方法好》为题，对重庆市普查工作进行报道；《重庆日报》、新华网、华龙网等多家媒体对重庆市普查工作给予正面宣传报道。

9.1.1.4　名录库比对

重庆市普查办按照真实、准确、全面的基本要求，通过"两级—三步"的方式（"两级"指重庆市和区县，"三步"指比对核实工作分摸排、比对、增补 3 个步骤），组织开展污染源基本单位名录比对核实工作。名录库比对技术路线见图 9-4。

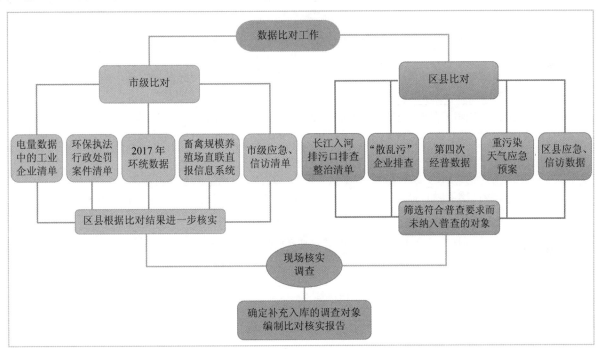

图 9-4　重庆市污染源普查基本单位名录库比对工作流程

通过市、县两级普查机构对 2017 年环境统计数据、第四次全国经济普查清查名录、排污许可名录、2017 全年用电量数据中的工业企业清单等数据与普查单位名录进行比对，不匹配的数量共计 6 万余个。经现场核实，补充纳入对象共计 354 个，占普查对象总数的 0.5%。

9.1.2　全面普查

全面普查阶段，重庆市在入户调查进程中，组织普查报表试填，实验"入户招数"，探索机制经验，聘请团队专职针对报表填报和系统操作问题进行答疑，制定了"2230"工作程序和标准，保障入户调查质量。

数据审核阶段多维度开展质控工作。进行专网数据审核，掌握各区县入户阶段普查对象的专网数据填报质量，发现数据填报问题。通过极值与异常值排查修正数据填报误差。开发"工业审核软件"和"集中式审核软件"，针对系统填报的内容指标进行规范性审核。分区域、分行业汇总数据统计分析与整改，保障数据合理性。组织领导小组成员单位会审普查数据，核实数据准确性。

9.1.2.1　报表试填

入户调查系统布设前后，重庆市分别开展纸质入户调查表试填和入户调查系统试用。各区级普查办对辖区内涉及的工业源行业类别和工业园区、集中式污染治理设施、农业源、生活源锅炉、移动源各选取 1 个以上典型对象开展试填，试填中发现问题集中反馈至重庆市普查办，全市共解决各类填报问题393 个，为顺利开展入户调查工作奠定了基础。反馈问题表例见表 9-4。

表 9-4　报表试填问题反馈统计

类别	问题描述	表号	区县
工业源	G106-1 中若该企业无治理设施或无组织排放，污染物处理工艺名称是不填还是写无	G106-1	云阳县
工业园区	园区污水处理厂既处理生活污水又处理工业废水，怎么选择园区是否有集中式污水处理厂或集中式工业废水处理厂	G108	丰都县
工业源	若工业企业锅炉无有效监测数据，原料和产品名称、产量等内容需要填吗？如果要填如何填	G106-1	云阳县
	用产排污系数计算企业排污量，如果产生排污许可证以外的污染物应该怎么处理	G106-1	巴南区
	①07 指标生产规模等级不明确；②在企业不清楚设备处理效率，如何确定去除效率来进行污染物排放量的核算？③一个工艺对应多个排放口且污染物相同，可否合并填写	G106-1	璧山区
移动源	"10项"，每个油罐，未统计年周转量，通过调查，油库的各油罐，存在相关调油的情况且未进行详细统计，只有某类型油品全年年周转量，则"10项"是否让油库自行估算	Y101	綦江区
集中式污染治理设施	污水处理厂无进口监测数据，是否不用填写	J101-3	九龙坡区
	统一社会信用代码填运营单位的统一社会信用代码还是单位详细名称对应的代码	J101-1	江北区
	该污水处理厂处理工艺为 CASS 工艺，附录五表 1 中无该工艺，但有活性污泥法工艺 4100，是选择 4100 呢还是选择其他 5400	J101-1	江北区
工业源	污染治理设施中，参数有一项为耗电量，企业设施无独立电表，无法填报；污水治理设施涉及电机量较多，设施的功率计算上存在困难，且电机会随污水量增减运行电机个数；运行时间和运行效率填报存在困难	G106-1	酉阳县

9.1.2.2　填报和系统操作问题答疑

聘请专业技术咨询团队专职对各区县普查机构反映的填报和系统操作问题进行收集整理，开展现场和网络线上实时答疑，记录每日收集的问题和处理情况，及时反馈问题至重庆市普查办技术组。多渠道、全方位指导各区县普查机构根据重庆市普查办意见对错误数据进行及时修正。协调软件公司处理重庆市普查办无法解决的系统操作问题。入户阶段共计收集并解决处理 5 000 余个填报和操作存在的问题。答疑统计见表 9-5。

表 9-5　填报和系统操作问题答疑统计

时间	区县	问题	反馈意见
2018-09-12	铜梁区	指导员试填分配不到任务	先进入普查"两员"管理里面左边树录上就指导员的信息，添加成员
2018-09-12	云阳县	填账号密码后无法登录	试着清除一下浏览器缓存。 外网也可进入登录页面，只是短信验证还没弄好
2018-09-12	铜梁区	内网任务分配好，在移动端没有任务显示	下发了，普查员在移动端上下载任务即可
2018-09-12	武隆区	普查指导员和普查员还是不能批量删除吗	个别区县可以删除，大部分区县无法彻底删除，禁用账号也是个别区县可以操作
2019-09-12	渝北区	普查表、地图数据有，但是普查企业管理名录里面没有	企业名字相同，企业账号相同会造成无法登录，表单混乱，建议新建一个企业

9.1.2.3　"2230"工作程序

"2230"工作程序即"两人入户，区县、重庆市两级现场质量核查，指导员、区县、重庆市三级数据审核，错漏率为 0"的程序和标准开展入户调查工作。

（1）"2"人入户

两人协同入户调查，分工协作，提高工作效率。对工作流程"互审互核"，相互把关与监督，制作入户调查数据质量控制清单，对普查对象填报信息进行现场核实，保证数据"真、准、全"，入户流程符合相关规定。入户调查数据质量控制清单样表见图 9-5。

图 9-5　入户调查数据质量控制清单样表

（2）两级现场质量核查

普查指导员对普查员填报数据进行现场核查；区县普查办对指导员核查后的普查数据开展质量核查，累计核查普查小区 3 293 个，抽取样本总数 22 225 个，合格样本数 20 199 个，占比 90.9%。

根据《关于做好第二次全国污染源普查质量核查工作的通知》（国污普〔2018〕8 号）的要求，重庆市普查办根据区县上报的入户调查结果，结合区县重点监控企业、主要行业及规模，选取 30%的乡镇（街道）作为核查区域开展核查；选取核查区域一定比例各类源开展现场核查。

2018 年 11 月 25—30 日，重庆市普查办会同市农业农村委、市水利局组织开展入户调查重庆市质量核查工作，共抽调 160 名核查人员，分 20 个组对全市所有区县入户调查工作部署及推进、"两员"管理、普查报表填报、普查质量控制等情况开展核查，共核查普查对象 32 093 家，出现差错的 977 家，差错率 3%。现场核查的结果见表 9-6。

表 9-6　入户阶段重庆市质量核查情况

类别	范围	有差错的普查对象数/家	核查区域内普查对象/家	差错率/%
工业源	全部	740	26 879	2.8
农业源	规模化畜禽养殖	132	1 767	7.5
生活源	入河排污口	40	1 730	2.3
集中式污染治理设施	集中式污水处理单位	40	760	5.3
	生活垃圾集中处置单位	11	47	23.4
	危险废物集中处置单位	9	37	24.3
移动源	全部	5	873	0.6
合计		977	32 093	3.0

（3）三级数据审核制度

指导员数据审核。普查指导员对普查员提交的全部报表资料进行审核。同时，现场复核比例不低于 5%，对发现问题的普查员，完成工作要加大现场复核比例。普查指导员对普查员开展质量复核的记录和结论均留存备查。

区县普查办数据审核。区县普查办对指导员审核后提交的数据进行审核，各类污染源数据随机抽样复核比例不低于 10%，或抽样复核数不低于 200 家；区县普查机构对普查指导员入户调查质量复核的记录、结论及自评报告均留存备查。

重庆市普查办采取多种形式对区县普查办审核后提交的数据进行审核。主要包括专网数据审核、极值与异常值排查修正数据填报误差、开发审核软件对填报进行规范性审核、分区域分行业汇总数据统计分析等。

9.1.2.4　专网数据审核

按照《关于做好第二次全国污染源普查质量核查工作的通知》（国污普〔2018〕8 号）、《关于加强第二次全国污染源普查质量控制工作的通知》的要求，重庆市开展两期专网普查报表数据审核，包括重点企业入户调查数据审核和专网数据抽样审核。通过审核发现问题并督促区县及时整改，确保普查表填报的完整性、规范性、合理性和准确性，切实提高重庆第二次全国污染源普查入户阶段数据质量。

重点企业入户调查数据审核前编写了《重庆第二次污染源普查入户阶段专网数据审核实施方案》，对审核工作进行了统筹，明确了审核内容、对象，并制作了重庆第二次全国污染源普查入户调查重点企业专网数据审核记录表，见图 9-6。

重庆第二次污染源普查入户调查
专网数据审核记录表

核查区域：重庆市 涪陵（区）　白涛（街道）

基本信息	普查对象名称	白涛化工园区潘家坝污水处理厂		
	污染源类型	□工业源；□生活源；□农业源；◎集中式污染治理设施；□移动源		
	企业规模	□大型；□中型；□小型；□微型		
	主要行业类别名称	(1) (2) (3)	行业类别代码	(1) (2) (3)
	是否通过专网系统审核	□是；◎否		

报表填报情况记录

报表问题记录	报表序号及指标编号	问题描述	是否为重点核征指标
	J101-1 表 15、16	无佐证资料	是
	J101-1 表 03、11、14	与佐证资料不符	是
	J101-1 表 13、18	未填	是
	J101-2 表 02、04、10、13、19	与佐证资料不符	02否 04、10、13、19是
	J101-2 表 04	应保留两位小数	是
	J101-3 表	未填、无佐证材料	是
备注			

图 9-6　入户调查重点企业专网数据审核记录

审核对象主要为 2017 年度省级及以上重点监控企业名单的普查对象、获得国家新版排污许可证的全部普查对象和 2017 年度颁发了危险废物经营许可证的普查对象。抽选普查对象兼顾各区县主要行业和规模，同时包括部普查办印发的《关于加强对部分重点报表及指标审核的通知》中明确的 28 个全国重点行业等类别，共计 815 个普查对象。为了确保所有的普查数据能追踪溯源，重庆市普查办下发了《关于报送入户调查数据专网审核佐证资料的通知》，入户调查阶段收集的佐证资料交至重庆市普查办。重点企业专网审核用佐证资料清单见表 9-7。

表 9-7　重点企业专网审核用佐证资料清单

序号	资料名称	要求
1	营业执照	清晰照片或扫描件
2	2017 年排污许可证	—
3	"三同时"验收报告（电子版）及相关文件（专家意见等）	无电子版报告则需把以下内容拍照或者扫描：主要原、辅材料名称及用量清单；主要产品名称及产量清单；工艺流程图；水平衡图等
4	2017 年度危废处置协议、转移联单	转运联单要清晰照片或扫描件，可以核实 2017 年度普查对象危险废物产生、利用和转运处置量
5	厂内移动源情况	包括厂内挖掘机、推土机、装载机、柴油叉车等移动源数量、能源消耗量
6	储罐的设计文件或铭牌信息	储罐类型、容积、个数、年周转量、年装载量、储存物质；拥有铭牌的储罐需提供铭牌清晰照片
7	锅炉基本信息	包括工业和非工业企业锅炉铭牌清晰照片、设备运行记录等
8	入河排污口监测报告	排污口监测报告照片或扫描件
9	集中式污染治理设施设计及运行文件	设施设计文件需包含设施采用的主要工艺名称及流程、设计能力、实际运行能力、运行记录等

通过集中审核，对系统填报信息与区县报送的佐证材料进行对比核实，及时就发现的系统填报问题与区县普查办交流沟通，掌握各重点企业的准确信息，对每个普查对象存在的问题进行了详细记录，填写重庆市第二次全国污染源普查入户调查专网数据审核记录表，做到问题清晰明了。全市共审核发现 2 961 个问题，其中工业源问题 2 497 个，工业源问题较多的区县为沙坪坝 183 个问题、铜梁 178 个、长寿 177 个；集中式污染治理设施问题数 464 个，问题较多的区县为沙坪坝 52 个问题、忠县 52 个、九龙坡 38 个。

2019 年 2 月，重庆市普查办再次组织市农业污染源普查办、市入河排污口普查办对普查系统中五类源普查对象所有数据随机抽样 5%开展审核。抽选工业源 2 661 家，集中式污染治理设施 124 家，规模化畜禽养殖场 483 家，以及非工业锅炉、行政村生活污染源基本信息开展综合审核。

审核结果共计发现 2 691 个工业源指标，61 个集中式污染治理设施指标，30 家农业源规模化畜禽养殖场，53 个入河排污口，51 个行政村，19 个生活源工业锅炉和 65 个移动源存在明显错漏。各区县普查办于 2019 年 3 月 10 日前完成整改。

9.1.2.5　极值与异常值排查

2019 年 5—8 月，重庆市普查办集中组织核算极值与异常值，其间集中下发 14 批次的各类极值和异常核算值问题 61 667 个至区县普查机构，各区县根据问题进行整改，整改率达 100%。重庆市各区县整改情况见表 9-8。

表 9-8　重庆市各区县极值与异常值排查整改情况表例

区县	乡镇/街道	村/社区	行政区代码	整改说明
万州区	五桥街道	回龙村委会	500101025201	建议不纳入：2017 年以前已整村搬迁，无村民及村委会组织，无生活源污染物
大渡口区	八桥镇	新华村村委会	500104101215	建议不纳入：2017 年以前已经集体拆迁，无常住人口
江北区	石马河街道	玉带山村委会	500105003200	建议不纳入：2014 年建制撤销
江北区	寸滩街道	头塘村委会	500105005200	建议不纳入：10 年前已解体
沙坪坝区	曾家镇	双龙村委会	500106108203	建议不纳入：2017 年以前无居住人口，只有村委会存在，按要求已删除
九龙坡区	华岩镇	齐团村委会	500107102201	建议不纳入：2002 年九龙坡区华岩镇齐团村已征地拆村
九龙坡区	华岩镇	联合村委会	500107102204	建议不纳入：2002 年九龙坡区华岩镇联合村已征地拆村
南岸区	南坪镇	海棠村委会	500108101200	建议不纳入：2016 年中已撤销
南岸区	南坪镇	四公里村委会	500108101201	建议不纳入：2016 年中已撤销
南岸区	峡口镇	胜利村委会	500108105208	建议不纳入：2014 年 11 月底已撤销
北碚区	东阳街道	先锋社区村委会	500109004201	已补充填报
北碚区	复兴镇	堕井村委会	500109112243	建议不纳入：2017 年之前就已经由于征地拆村
渝北区	石船镇	石河村委会	500112142206	建议不纳入：2017 年征地完成，全部农转非
巴南区	龙洲湾街道	道角村委会	500113003200	建议不纳入：2014 年 8 月 30 日已被整体征用，按要求已被删除
巴南区	龙洲湾街道	独龙桥村委会	500113003202	建议不纳入：2016 年已被整体征用，按要求已被删除

9.1.2.6　软件规范性审核

2019 年 3 月，重庆市普查办采用自主开发的"工业审核小软件"和"集中式审核小软件"对全市数据进行规范性审核。共发现问题 252 443 个，整改问题 252 443 个，整改率达 100%。3 月底，重庆市普查办将"工业审核小软件"和"集中式审核小软件"下发区县，各区县自行组织开展审核工作。规范性审核软件样式见图 9-7。

9.1.2.7　分区域、行业数据汇总审核

2019 年 8 月，重庆市普查办对各区县报送的普查数据进行了分区域、分行业、多层次、多维度汇总审核，实现数据质量提升。

分区域审核针对区县各类污染物排放量，以及各区县每类污染物排放量各类源占比情况，结合区域经济现状与产业特征进行横向、纵向比对。通过综合分析，发现个别数据疑似异常，及时与区县普查办沟通核实，修正存在问题的异常数据。

第一次全国污染源普查数据审查系统(市局版)

系统管理 ▼　污染数据 ▼　统计分析 ▼　安全管理 ▼

欢迎：系统管理员　退出

审核异常数据记录

单位名称	错误表	子项	问题说明	单位所在区县	错误类型	可能属性	错误描述
万州区XX印染厂	G101_1基本情况		该行业应有含氯效性有机物质碱材料使用而清核实原碱材料使用是否—现以上		有异常需核实		
万州区XX锦纶纤维印染厂	G101_1基本情况		该行业应有含氯效性有机物质碱材料使用而清核实原碱材料使用是否—现以上		有异常需核实		
万州区XX锦纶纤维印染厂	G101_1基本情况		该行业应有含氯效性有机物质碱材料使用而清核实原碱材料使用是否—现以上		有异常需核实		
重庆市万州区XX漂石过厂	G102B要大排	[废水总排放口]编号:DW001	[排放口]地理经度(度)应在105-110之间		必须性缺陷	[废水总排放口]数(个)小1:地理经度(度):0;
重庆市万州区XX漂石过厂	G102B要大排	[废水总排放口]编号:DW001	[排放口]地理纬度(度)应在28-32之间		逻辑性错误	[废水总排放口]数(个)小1:地理纬度(度):0;
重庆市万州区XX三中苯锦绵印染厂	G101_1基本情况		该行业应有含氯效性有机物质碱材料使用而清核实原碱材料使用是否—现以上		有异常需核实		
重庆市万州区XX线金金属锦具加工厂	G101_1基本情况		该行业应有含氯效性有机物质碱材料使用而清核实原碱材料使用是否—现以上		有异常需核实		
重庆市万州区XX二中苯印染厂	G101_1基本情况		该行业应有含氯效性有机物质碱材料使用而清核实原碱材料使用是否—现以上		有异常需核实		
万州区XX龙华印染厂	G101_1基本情况		该行业应有含氯效性有机物质碱材料使用而清核实原碱材料使用是否—现以上		有异常需核实		
万州区XX锦绵染川印染厂	G101_1基本情况		该行业应有含氯效性有机物质碱材料使用而清核实原碱材料使用是否—现以上		有异常需核实		
万州区XX绵之源金毛印染厂	G101_1基本情况		该行业应有含氯效性有机物质碱材料使用而清核实原碱材料使用是否—现以上		有异常需核实		
某某文	G101_1基本情况		该行业应有含氯效性有机物质碱材料使用而清核实原碱材料使用是否—现以上		有异常需核实		
重庆市万州区XX达印染厂	G101_1基本情况		该行业应有含氯效性有机物质碱材料使用而清核实原碱材料使用是否—现以上		有异常需核实		
重庆市万州区XX业有限公司	G101_1基本情况		该行业应有含氯效性有机物质碱材料使用而清核实原碱材料使用是否—现以上		有异常需核实		

图9-7　规范性审核软件样式

9.2　工作经验总结

重庆市污染源普查质量管理工作卓有成效，总体来说，与以下几个因素直接相关。

（1）组织架构上，从"一根藤"到"一棵树"

2017 年，重庆市政府成立了以党组成员为组长，主要部门"一把手"为副组长，相关部门分管领导为成员的领导小组，办公室设在市生态环境局，由厅级领导担任主任，同时成立了污染源普查专家委员会，为普查工作"把脉问诊"。随后，市农业农村委、市水利局相继成立了领导小组和工作办公室，其他相关部门分别确定一个处级联络员衔接普查工作。区县参照重庆市标准完善了普查机构，污染源较多的地区还将普查办延伸至乡镇、街道一级，并明确了村社参与普查的形式和内容。树形的组织架构，为普查工作开篇布局打下了坚实的基础。

（2）工作统筹上，从"一盘棋"到"一条心"

污染源普查是一项系统工程，重庆市按照"全市统筹、分级负责、部门协作、各方参与"原则开展工作。由于涉及范围广、参与部门多、技术难度大、质量要求高，为协调推动全市普查工作，重庆市普查办制定了"统一工作部署、统一时间安排、统一质量管理、统一调度督办、统一数据报送、统一信息发布"的"六统一"工作原则和一系列管理制度，形成全市"一盘棋"。重庆市、区县和乡镇街道上下一心，拧成一股绳，团结协作，攻坚克难，这种精气神是普查工作慎终如始的不竭动力。

（3）制度设计上，从"一个点"到"一条龙"

对普查质量管理的把握上，重庆市从最初的拟仅关注报表数据质量这一个点的工作思路，到形成清查建库阶段"4130"工作程序和标准—入户调查阶段"2230"工作程序和标准—总结发布阶段反复验证确认的一整套完整的制度设计和程序要求，环环相扣，首尾相连，闭合管理，由点到线，全面覆盖，全程留痕。这一套工作程序成为全市上下做好普查工作的共同遵循的原则。

（4）任务推进上，从"一本账"到"一张图"

三年来，每年年初，重庆市普查办都提前谋划好全年工作，明确时间表、路线图，以年度工作要点形式印发区县实施，拉条挂账，并制作工作推进图，挂图作战。根据年度工作要点和推进图，细化制订月计划和周安排，并坚持日记载和季度目标完成情况回顾分析。即使普查期间同时面临时间紧、任务重、状况多等情况，仍然坚持以年度目标为主线，以数据质量为底线，"一本账""一张图"是顺利完成普查工作的指南针。

（5）责任落实上，从"一个人"到"一群人"

按照质量管理的要求，重庆市各普查机构均设置了一名质量负责人，对污染源普查各阶段、各环节实施质量管理和检查，并提出保证普查质量的建议和措施。重庆市普查办形成了"1+5+N"责任体系，即一个总的质量负责人，五类污染源再分别各自对应一个质量负责人，同时每一个质量负责人身后又有一个团队给予技术支撑。区县普查办则是从普查员→普查指导员→普查办内分片负责人→质量负责人层层负责，部分区县还单独聘请了第四方质量管理人员，监督落实质量控制措施。完善的责任体系，成为保障普查数据质量的核心力量。

10 云南省

10.1 质量管理工作开展情况

10.1.1 普查质量管理问题解析

污染源普查作为一次针对所有污染源的大规模社会调查，在污染源普查的组织方式上采用了和其他普查工作类似的组织模式，暨全国统一领导、部门分工协作、地方分级负责、各方共同参与，具有高效的组织运转和强大的社会动员能力。但作为一项庞大的系统工程，涵盖了一系列的组织实践及技术实践，在具体工作中，普查过程中的制度设计、宣传培训、组织实施、名录库建库、入户登记及污染物产排量核算等均彼此关联，不同阶段的不同因素均会引发一定的误差，并最终对普查数据质量形成累积影响。从污染源普查数据的形成过程来看，污染源普查技术方案落实、普查组织管理及普查所处的社会环境是影响普查数据质量的主要因素。对问题的及时预判，精准地识别问题，是开展第二次全国污染源普查质量控制工作的基础。影响污染源普查数据质量的因素主要有以下几点：

（1）普查技术方案设计对数据质量的影响

①普查对象的全面性是普查实施的基础，对数据质量具有系统性的影响。为满足污染源普查需求，污染源普查对象含工业源、农业源、集中式污染治理设施、移动源及生活源，既包含了固定源，也包含了移动源及分散源，是全地域、全口径的污染源调查工作。其中，工业源包括采矿业，制造业，电力、热力、燃气及水生产和供应业；农业源包括规模化畜禽养殖场、非规模化畜禽养殖、水产养殖、种植业等；生活源包括生活源锅炉、市政入河（湖）排污口、城乡居民能源消费和废水排放情况；集中式污染治理设施包括集中处理处置生活垃圾、危险废物及污水的单位；移动源包括机动车、储油库、加油站、农田机械、机动渔船、油罐车、火车内燃机及飞机等。我国未在生态环境保护工作中建立统一的污染源管理单位名录库，污染源普查对象的多样性又增加了普查对象确认的难度，开展普查对象建库的数据来源广泛，易造成普查对象的漏报、错报及重报。

②污染源普查表是获取污染源普查数据的工具，直接影响着普查目标的实现、普查任务量的多少及普查质量的优劣。在管理背景上，污染源普查指标设置多样化、普查项目广是确保污染源普查成果满足现阶段生态环境精细化管理的必然需求，但也造成了被调查者理解困难、调查难度增加、调查时间延长、质量控制难度大等问题。同时，为完成污染物排放量的核算工作，普查指标需含污染源基础信息、污染物治理设施、污染物核算信息等，避免造成普查指标漏填、数据间逻辑错误、数据不规范等问题。

③获取准确的污染源基本信息及污染治理信息，并在此基础上获取准确的污染物产生量及排放量核算，是污染源普查与其他普查之间的最大不同，也是污染源普查的最大技术难点。全方位地开展污染物

产排量核算是污染源普查的最终目标，也是普查工作的最大难点。开展污染物核算的方法有系数法、监测法、物料平衡法等，系数法体现的是同一原料（能源、产品）、工艺、规模等级及污染治理工艺下的污染物排放强度，但随着我国工业体系的日趋完善及社会分工的日益细化，很难确保所有的生产工艺都能找到对应及符合企业排放实际的污染物产排污系数；而监测数据是否体现企业实际，需对监测设备校正情况进行评估，对异常数据进行剔除，对普查人员业务素质要求高；物料平衡法的正确使用必须基于普查人员对生产工艺的深入了解及对物料中有害元素的准确测定。污染源基础信息调查及核算的复杂性将形成单个普查对象的核算误差，并在数据汇总过程中形成累积误差。

④普查作为一项庞大的系统工作，分级、快速、系统的数据汇总是确保普查及时性的关键，也是开展普查内部数据一致性分析及外部数据一致性分析的基础。因此必须全面系统地实现污染源基本信息、治理信息及核算信息的规范化、代码化，确保数据的关联度。但在我国庞大的系统工业体系下，这一工作的难度极大，实现原料（燃料）、工艺（段）、产品、规模等级的穷举是一个非常庞大的系统工程。

（2）污染源普查组织管理对数据质量的影响

污染源普查组织管理就是发动社会力量获取普查数据的过程。在确保获取既定数据并确保数据质量的前提下，须确保最少的人力资源、资金投入，最快地获取普查数据。污染源普查参与者的业务能力及工作态度，决定着污染源普查制度设计是否能执行到位，但普查员主要从企业事业单位及乡镇中抽调，工作经费难以保障，基础知识不足，对普查对象填报数据的科学性及合理性大多缺乏判读能力，较难驾驭复杂的污染源普查技术要求。同时，能否顺利地开展普查入户调查工作，还取决于普查的宣传是否营造了良好的社会氛围。在普查过程中将形成海量数据，在没有建立系统的数据获取规则情况下，极易造成数据的录入、核算、流转及汇总误差。虽然我国制定了企业及产业活动单位填报普查报表、普查员及普查指导员现场核查、各级普查机构核证的普查作业流程，但还存在对质量要求认识不到位、专业技术缺乏及手段不完善等问题。

（3）污染源普查社会环境对数据质量的影响

污染源普查开展的社会环境会对普查对象真实填报普查信息产生显著的影响，进而影响普查数据质量，形成普查数据误差。从污染源普查对象的社会属性来看，受环境保护税征收、减排任务及日常环境监管要求的影响，在涉及普查对象经济利益、环境监管影响及核心技术等方面的问题时，普查对象不愿如实填报，产生入户核实难度大、数据追溯难度大的问题。从行政管理及考核来看，污染源普查得到的污染源产生、治理及排放数据体现当地的污染治理水平高低，受各级政府的总量减排考核及新建项目污染物总量指标来源等影响，为避免污染物排放量排位过高而加大减排压力或排位过低而不利于排放指标的争取等问题，均导致地方普查机构直接或间接调整普查数据而产生统计误差，同时还存在为了与历史数据或常规统计数据相衔接而调整普查数据等问题。

污染源普查质量控制是对普查数据生成过程的各个环节、各类因素进行分析，全面查找造成普查数据误差的原因，形成污染源普查质量控制点，通过优化制度设计、完善普查组织、建立数据审核体系、实施过程质控、开展质量评估反馈等来控制误差的形成，确保污染源普查数据的质量。按污染源普查工作实施的阶段性来划分，可分别在普查的设计阶段、实施过程及事后开展相应的质量控制。

从云南省污染源普查的时间节点来看，质量控制节点分为事前质控、事中质控、事后质控；从方法体系上看，分为微观质控、行业质控、核算过程质控及宏观质控；从数据的一致性比对划分，分为内部数据一致性分析及外部数据一致性分析。云南省在污染源普查各个工作节点上均充分实现各类工作方法体系的衔接、各种数据比对方案的融合。

10.1.2 云南省组织阶段质量控制

污染源普查组织阶段质量控制可通过协调、控制、修正普查参与者的行为，确保污染源普查制度设计实施，最终达到全面、综合控制普查数据质量的目的。污染源普查组织在污染源普查事前质量控制中的作用是通过普查组织机构建设、普查员及普查指导员遴选、普查宣传、信息化保障、经费保障方式及普查责任体系的落实来减少各类普查误差的形成。

（1）普查组织成立

普查组织是开展污染源普查质量控制的组织基础，正是因为横向到边、纵向到底的普查员普查组织方式，为云南省信息化、经费保障、"两员"配置、质量控制提供了充足的人员保障，并为普查名录库完整、开展数据一致性评估奠定了坚实的数据基础。

在普查组织阶段，云南省第二次全国污染源普查领导小组办公室建立了领导小组成员单位联络员制度，定期组织召开联络员会议，充分利用各领导小组成员单位已经掌握的历史数据对普查技术路线落实、过程校验、阶段性成果进行质量控制。

污染源普查的信息填报主体虽为普查对象，但需普查员及普查指导员对固定源采用全入户的方式进行普查信息的验证，各地需投入大量的普查员及普查指导员开展工作，这对各地的动员能力、人员组织能力提出了极高的要求。

在清查建库过程中，按数据体量最大化、数据来源多样化原则，各级污染源普查领导小组办公室从市场、统计、税务、电力、住建、质监、水利等部门获取了大量的原始数据。在普查开展过程中，充分利用云南省煤炭工业管理局、统计局、能源局等提供的宏观数据进行过程数据校验及数据一致性验证。

（2）普查队伍建设

组建一支技术娴熟、认真负责、善于交流的普查队伍，对确保普查制度的实施及质量具有重要意义。污染源普查作为一项专业性极强的基础国情调查工作，逻辑复杂、指标繁复，需要有一支了解当地企业分布情况、了解生产工艺、能识别填报数据错误、善于与普查对象沟通的普查员队伍开展污染源普查工作，是确保污染源普查质量的重要基础。在普查工作部署之初，云南省广泛动员各级生态环境保护部门的统计、执法、环评、监测等人员加入污染源普查队伍中，鼓励各地采用政府购买服务的形式委托第三方开展现场核实工作。普查期间，共有165个第三方机构1900余人参与了污染源普查组织及质量控制工作，为各级生态环境保护部门提供了充足的智力支撑。

（3）信息化手段的应用

云南省在第二次全国污染源普查工作过程中，含清查、入户调查阶段均采用手机 App 或手持移动终端进行数据采集。如污染源地理坐标的自动采集、对普查数据进行电子化录入、指标的关联填报、数据自动汇总等，均可有效避免数据采集及汇总过程中的误差；排污企业数据通过联网直报系统直接上报，并按谁填报、谁修正的原则进行数据流转，可有效避免地方普查机构对普查结果的干预。云南省在普查过程中均采用全流程信息化的方式进行数据流转，极大地避免了数据误差的形成及误差的累积。

10.1.3　云南省清查阶段质量控制

云南省清查阶段质量控制的事前控制、事中控制及事后控制的具体工作实践如下。

10.1.3.1　事前质量控制

（1）清查采集软件设计

组织开发云南省第二次全国污染源普查清查系统是云南省污染源普查清查阶段最重要的质量控制方式。云南省第二次全国污染源普查清查系统的设计初衷为提高云南省污染源普查的效率和质量，解决污染源普查工作参与人员素质参差不齐、数据量庞大与时间紧迫、工作任务重之间的矛盾；设计的指导思想为"应查尽查、不重不漏""全员质控、全过程质控""数据流转最快化、操作过程最简化、操作界面清晰化"。

在软件设计中，云南省建立了唯一的考核线，即云南省在汇总整合部普查办名录库、省级各部门名录数据、地方增补名录库的基础上，对数据进行统一入库、定点分发，将数据统一流转至普查员，并在操作平台上对各条信息进行逐一回答，从制度设计上杜绝"两率"（漏填率、重复率）的发生。

在数据流转方案上，云南省建立了"两下两上"的方法体系，确保污染源不重不漏，为入户调查奠定了良好基础。其中，"两下"是指将整合国家名录后的省级基本单位名录库的一次下发、整合各级增补名录后的基本单位名录库的二次下发；"两上"是指地方各级对省级基本单位名录库进行一次增补后进行第一次上报，各级在清查过程中对信息进行核实后进行二次上报。

在责任体系落实上，分 3 个层次建立参与人的任务职责关系。一是建立普查员与普查对象之间的任务关系，云南省已按乡镇对清查对象进行了切块处理，在完成数据初始化处理后，普查员可第一时间明确自身任务内容；二是建立普查指导员与普查员之间的审核关系，普查员进行信息填报后第一时间即可将数据流转至普查指导员处进行审查；三是建立普查机构质量审核人与审核任务之间的对应关系，便于各级普查机构对清查质量进行自查和核查。

在质量体系落实上，在线上实现四级质控，将省级、地级、县级及审核员的自查及核查功能全部体现在清查系统过程中，实现数据流转过程中的全过程质量控制，提高质量控制工作效率。

通过落实上述指导思想及设计理念（图 10-1），清查系统可进行人员的在线管理、数据定点分发、附件在线上传，并可实现数据的在线填报、审核、退回、汇总、流转、增补、导出、数据追溯等功能。

> 线上线下相结合、流程节点全质控
> 数据操作全记录、数据审核全留痕
> 任务填报全监测、普查工作全调度
> 代码地址为必填、行业状态不可缺
> 企业数据任流转、省内省外再分发
> 字符长度有管控、错乱重复可避免
> 名称代码相联动、输入输出软质控
> 对象位置全可视、问题数据速预览
> 表单填报加附件、数据质控双保障
> 安全防护重策略、质量提升保安全

图 10-1　云南省清查系统建设思路

为避免清查表填报过程中形成数据误差，在软件设计及数据框架设计中还采用了下列方式开展质量控制：

①自动向数据移动采集端推送工商、税务、统计等部门形成的企业名称及统一社会信用代码，避免人工输入而造成数据误差；

②从云南省统计局获取全省行政区划代码库，并嵌入云南省行政区划数据库，采用下拉菜单方式自动形成污染源所在地的标准地址；

③实现地址库与普查对象代码库的一一对应，通过地址填报自动形成普查小区代码；

④对无统一社会信用代码的，按照普查对象所在地普查小区代码及数据形成时间生成普查对象识别码；

⑤嵌入《国民经济行业分类》（GB/T 4754—2017）中的行业分类及代码，通过下拉菜单方式形成国民经济行业类别及代码；

⑥禁止手工输入经纬度，须采用 App 自动采集经纬度及数据自动回传，实地形成普查对象经纬度，确保清查工作的实地完成率；

⑦数据流转过程中自动记录数据形成人员、质量控制人员的数据形成过程；

⑧对重复的普查对象进行自动识别及提醒；

⑨对于删除的污染源（不纳入清查范围的），上传证明材料（照片，乡镇或街道办事处证明文件等确认文件），并进行软件强制提醒。

（2）工作方案制定

为细化工作流程，确保各项规定动作到位，云南省结合各地实际对国家清查技术路线进行了细化，组织细化了相关技术规程，并印发了《工业企业和产业活动单位清查工作实施细则》，具体要求：

①各级清查基本单位名录库的建设

清查基本单位名录库信息增补工作建议操作步骤为

步骤一：对辖区内现有的工商、统计、质监等方面的数据进行汇总、删重，形成本地汇总数据。

步骤二：各地级普查办将地级汇总数据与省级清查基本单位名录库进行比对，将在地级汇总数据内但不在省级清查基本单位名录库内的数据汇总形成"地级增补名录库"，并下发至各县级普查办。地级普查办将省级清查基本单位名录库与地级增补名录库汇总得到地级清查基本单位名录库。

步骤三：县级普查办将县级汇总数据与省级清查基本单位名录库进行比对，将在县级汇总数据内但不在"省级清查基本单位名录库"和"地级增补名录库"内的数据汇总形成"县级增补名录库"，并与上级数据汇总后得到"县级清查基本单位名录库"。

各级普查机构在清查基本单位名录库的建设过程中，只能对上级下发的清查基本单位名录库或增补名录库进行补充，不得删除。

上述操作步骤为建议操作步骤，各级普查机构在工作过程中应根据各地实际采用"自上而下"与"自下而上"相结合的方式灵活开展各级清查基本单位名录库的建设工作。

为落实清查工作人员、建立质量控制工作体系，县级普查机构应以乡级行政区为单元对清查基本单位名录库进行分解，清查任务中的区域以村民委员会（居委会）为单元进行分解。

②无法完成清查表信息填报的处理方案

对存在以下情况的，可不进行工业企业和产业活动单位清查表（以下简称清查表）的填报，但须说明相关情况，具体要求：

对列入清查名录库中，但行业类别不属于《国民经济行业分类》（GB/T 4754—2017）采矿业（行业代码为 B）、制造业（行业代码为 C）以及电力、热力、燃气及水生产和供应业（行业代码为 D）的，不再进行工业企业和产业活动单位清查表的填报，但须在备注栏中说明该企业或单位的实际类别。

对列入清查名录库中，但属于单纯的集中式污染治理设施的，不再进行工业企业和产业活动单位清查表的填报。

对清查基本单位名录库中提供的工业企业和产业活动单位已超出普查员所负责清查单元，或企业已搬迁至其他区域的，普查员应及时将相关信息逐级上报至有管辖权的上一级普查机构，由上一级普查机构将清查信息流转至对应的清查单元。

同一工业企业和产业活动单位但有多条信息的，只需对其中的一条信息进行清查表的填报，在遇到重复信息时，备注已填报的统一社会信用代码、组织机构代码或普查对象识别码，避免清查表重复填报。

经普查员及当地普查机构核实后，普查对象不存在、尚未投入运行的，应说明具体情况，并附清查基本单位名录库中地址所在地乡镇人民政府的说明。

清查过程中若发现其他无法进行清查表填报的，应调查具体原因，并及时向上级普查机构报告，在获得同意后可不开展清查表具体内容的填报。

③清查表填报要求

工业企业和产业活动单位清查工作应严格按《第二次全国污染源普查清查技术规定》（国污普〔2018〕

3 号）的要求开展，并按要求认真填报清查表，清查表填报过程中的补充要求为

普查小区代码按普查小区代码编码原则及各级普查办已核定的《云南省统计用区划代码》填报。

统一社会信用代码或组织机构代码填报要求：无统一社会信用代码或组织机构代码的，须在统一社会信用代码填报位置填入普查对象识别码。普查对象识别码按《第二次全国污染源普查清查技术规定》（国污普〔2018〕3 号）中的编码规则编码。

在同一县级行政区内有多个生产地址的工业企业或产业活动单位，须在统一社会信用代码或组织机构代码后填入顺序码，顺序码由县级普查机构填报。

对 2017 年停产或者已停产多年，但有可能复产的工业企业和产业活动单位，运行状态必须填报为"停产"。

生产设施已移除或厂区已废弃的，在运行状态栏中填报为"关闭"。运行状态为关闭的，应提供相应的证明材料。证明材料可为企业（单位）所在地乡级以上人民政府或主管部门证明文件、现场照片或其他可证明企业（单位）已关停的材料。

生产地址填报中，应严格核实普查工业企业和产业活动单位实际生产地址后完成填写，不得将清查基本单位名录库中的地址信息直接引用。无门牌号的，应将地址信息填报至村委会或居委会。

清查过程中，应获取准确的清查对象联系人联系方式，提高后续入户普查效率。

因涉及标准变更，应严格按《国民经济行业分类》（GB/T 4754—2017）填写各类企业或单位的行业小类代码，不得将清查基本单位名录库中的行业代码信息直接引用。

10.1.3.2　事中质量控制

事中质量控制主要利用昆明市作为第二次全国污染源普查全面试点地区的优势，总结清查调研过程中存在的问题，组织各地进行自查，并制定了《云南省第二次全国污染源普查清查阶段自查工作指南》，指导各县级普查机构按照省级质量管理要求开展自查，自查工作质量控制原则及思路为：

（1）工业企业及产业活动单位清查自查要求

①运行状态为运行或停产的

自查应确保报表填报完整、信息准确、指标间逻辑关系正确，其中应重点自查的指标为行业名称，行业代码，是否存在伴生放射性矿产资源的开采、选矿、冶炼（分离）、加工等。

对于运行状态为运行或停产，但不排放污染物的，可以不纳入普查范围。对不纳入普查范围的，由县级普查机构根据清查结果确定，在汇总表备注栏内注明不纳入普查范围的原因，并由上级普查机构审核认定；工作开展中，地级普查机构应强化对县级普查机构的技术指导，确保不纳入普查范围的依据充分、尺度统一。

②运行状态为关闭的

应重点自查企业运行状态的真实性，并确保有名录信息所在地的乡级及以上人民政府或主管部门出具的证明文件，或其他可证明企业运行状态的现场照片及其他材料，并需对相关材料与阐述情况的相符性进行核查。

③不属于工业污染源清查范围的

对不属于工业污染源清查范围的，即行业分类不属于《国民经济行业分类》(GB/T 4754—2017)中行业代码为 B、C、D 行业的（填报系统中已流转至"非清查数据查询"栏目中），应重点核查其行业类别判别是否正确、真实，对存在疑惑的，应及时要求普查员在备注栏内补充该单位的实际经营内容。

④查无该单位或无生产设施的

对查无该单位或无生产设施（清查系统填报平台中勾选为"无厂址/无设施"）的，应重点自查信息的真实性，并确保有名录信息所在地的乡级及以上人民政府或主管部门出具的证明文件，并对相关材料与阐述情况的相符性进行自查。

⑤运行状态为搬迁的

对运行状态为搬迁的，自查重点为是否落实具体搬迁去向，对搬迁去向在本县级行政区范围内的，应确保在县级行政区内开展了清查工作；对搬迁至其他地级、县级行政区的，应及时上报至上级普查机构对信息进行流转。

⑥信息重复的

对信息重复的，应进行删重处理，但必须在删重说明中明确与此重复信息对应信息的单位名称、统一社会信用代码或组织机构代码，确保名录库信息无误删。

⑦其他无法填报清查表的

对不属于上述分类状态，且无法进行清查表填报的，应重点审核其不进行清查表填报的具体原因。

⑧存在"其他厂址地址"的

对存在其他厂址的，应重点核查其在该县级行政区内的各个厂址是否均进行了清查，并核查是否将其他县级行政区内的厂址及时流转至对应的普查机构。

（2）畜禽规模养殖场清查自查要求

畜禽规模养殖场清查汇总表自查要求应对清查基本单位名录中的规模化畜禽养殖场及规模以下养殖场分别按运行、停产、关闭进行分类汇总，并对已不存在的养殖场进行汇总，确保对农业源清查范围覆盖到畜禽规模养殖场及规模以下畜禽养殖场。

①畜禽规模养殖场

自查应确保报表填报完整、信息无缺漏、指标间逻辑关系正确。

②运行状态为关闭的

应重点核查是否有名录信息所在地乡级及以上人民政府或农业（畜牧）部门证明文件或其他可证明养殖场已关闭的材料，并对相关材料与阐述情况的相符性核查，确保信息真实。

③不存在的

对查无该单位或无生产设施的，应重点自查信息的真实性，并对相关材料与阐述情况的相符性核查。

（3）集中式污染治理设施清查自查要求

集中式污染治理设施无全面的清查基本单位名录库，县级普查机构应充分利用上级普查机构下发的集中式污染治理设施名单，收集辖区内的农村环境综合整治、"一水两污"、提升城乡人居环境、传统村落、美丽乡村、生态乡镇创建及其他可能已经实施农村环境综合整治工程的工程清单，梳理全县实施的农村集中式污染治理设施项目，对清查对象的全面性进行校验，确保清查工作应查尽查、不重不漏。

（4）生活源锅炉清查自查要求

结合实地排查结果形成第二次全国污染源普查生活源锅炉清查汇总表，确保纳入生活源锅炉清查范围的报表填报完整、信息无缺漏、指标间逻辑关系正确，并对生活源清查表中各单位拥有锅炉的数量与实际填报的锅炉数量之间，锅炉清查范围与锅炉用途之间，锅炉设备型号与额定出力、锅炉型号、锅炉类型、燃料种类之间（锅炉型号已体现了锅炉的额定出力、燃料种类等），锅炉额定出力、年运行时间与燃料消耗量之间的逻辑关系进行重点自查。

对纳入上级下发的承压锅炉基本信息表，但不属于生活源锅炉清查范围的，应说明具体情况。

（5）入河（湖、库）排污口清查自查要求

各县级行政区应建立明确的普查范围名单和环境水体名单，确保纳入普查范围的环境水体的入河排污口进行了沿岸全面清查，具体要求：

建立明确的普查范围名单，具体包括市区（特指设区城市中市政府和区政府所在地），县城（指县级行政区政府驻地的实际建设连接到的居民委员会和其他区域），镇区（镇政府驻地实际建设连接到的居民委员会和其他区域），其他常住人口在 3 000 人以上的独立的工矿区和开发区的办公区与生活区，科研单位、大专院校等特殊区域及机场、农场、林场的驻地；并提供位于长江、珠江、澜沧江、红河、怒江、伊洛瓦底江、牛栏江干流沿岸，湖库型饮用水水源汇水区，河流型饮用水水源保护区，九大高原湖泊汇水区内的乡政府名单。

建立明确的环境水体名单，具体包括当地已划定水环境功能区、纳入"水十条"考核目标责任书考核所涉及的水体，列入黑臭水体整治名录的水体，实施河长制的乡镇以上级别的水体及其他明确了水质目标的水体等。

县级普查机构应结合环境水体名单对普查范围建成区内排污口排查的全面性进行自查。

（6）自查工作方式

资料自查：各级普查机构充分利用云南省第二次全国污染源普查清查系统中的各项功能，导出相关表格，按照自查指南要求对信息进行逐一排查，对存在信息不完整的、有疑惑的、分类不科学的，应及时要求普查员对信息进行优化及调整。

电话回访：对无法通过资料进行自查的信息，县级普查机构应通过清查表提供的联系方式予以电话回访，对清查表中的内容予以核实。

集中会审：县级普查机构应及时组织县级行政区内的普查员、普查指导员、乡镇及领导小组成员单位对清查汇总表进行集中会审，确保信息真实、准确。同时应该调阅乡镇相关台账与清查汇总表进行综合比对，确保清查对象不重不漏、全面覆盖。地级普查机构也应根据工作要求开展会审、会商工作。

现场核查：普查机构应选部分区域（河段）、部分污染源进行现场核查，确保普查员对技术要求理解到位，清查对象不重不漏。

10.1.3.3　事后质量控制

事后质量控制的方案为质量核查及数据一致性比对。

（1）质量核查

从阶段性目标来说，质量核查属于事后质量控制。但鉴于污染源普查的阶段性，清查阶段的质量核查也可视为事中质量控制，用于及时发现上一阶段的普查数据质量问题，并在下一阶段工作上对数据质量进行及时纠正，避免错误累积，通过事后质量评估实现事中质量控制的作用。

为充分体现通过事后质量控制起到事中质量控制的目的，云南省清查阶段质量核查不仅对清查结果进行了核查，还对工作机制建设、人员组织及落实情况、办公场所及经费落实情况、质量管理机制、基本单位名录库增补情况、普查员及普查指导员的选聘及管理、核查区域清查质量、污染源普查宣传、档案体系建设等进行全面的核查，对各地清查阶段存在的问题进行及时纠正，为云南省普查全面入户调查工作的开展奠定了坚实的工作基础，核查内容及核查目标详见表 10-1。

表 10-1　清查阶段质量核查内容及核查目标

序号	核查内容	核查方式	核查目标
1	工作人员配置数据及对普查制度的了解是否满足开展工作的需求	现场核查及访谈	确保各级普查办人员数量及对业务的熟悉度达到入户调查需要
2	办公场所及经费落实情况	现场核查及档案查阅	办公条件满足入户及集中审核要求，环保专网联通，工作经费满足普查工作开展的需要
3	各级普查机构是否有完善的质量管理体系，是否落实了质量管理岗位责任制	现场核查及访谈	建立有全员、全过程的质量控制管理体系
4	各级普查机构是否按要求分别开展了名录库的增补工作	档案查阅	确保普查对象不重不漏
5	普查员及普查指导员的选聘、考试是否到位，是否明确各自职责区域	档案查阅	确保普查员及普查指导员熟知普查制度要求，职责划分明确
6	普查对象漏查率、重复率及错误率是否满足要求	实地二次拉网排查	查找造成错误的原因，提出优化的措施及方案
7	污染源普查宣传	档案查阅	确保各地营造了普查工作氛围，确保入户调查阶段能获取真实、可靠的数据
8	是否有专人、专地对普查档案进行管理，是否对阶段性成果进行了分类归档	档案查阅	普查档案能支撑普查成果，普查成果能通过档案加以传承

省级质量核查将覆盖所有地级行政区，每个地级行政区随机选取 2 个县级行政区，每个县级行政区选取 30% 的乡级行政区作为核查区域开展全面核查，以确保核查工作的全面性。

（2）数据一致性比对

数据内部一致性分析从时空关系上开展纵向数据一致性分析，即将两次污染源普查得到的普查对象的数量进行趋势分析，并结合各地经济发展、产业结构发展水平等外部驱动因素，对内部数据的历史演变趋势进行一致性检验，对与外部驱动影响下的关键因子演变规律不一致的情况进行分级和分行政区域的查找、核实及修正。

外部数据一致性分析，其思路是将普查数据与外部独立来源数据进行一致性比对，用于评估普查对象的全面性。清查阶段开展外部数据一致性比对的数据有环境统计名录、排污许可证名录、重点污染源名录、涉镉全口径排查名录、"三磷"整治名录、危险废物申报名录、环评审批项目数据、环评验收数据、环境执法数据等。通过普查个体数据与相关行政记录的匹配，检查全省清查技术路线的落实情况。

10.1.4 云南省入户及核算阶段质量控制

10.1.4.1 事前质量控制

（1）规则制定

基于代码规则的数据质量控制的主要实现途径为在相应的规则控制条件下利用信息化手段对普查数据的完整性、逻辑性、规范性及数据一致性进行审核。如对污染源单位产品的用水量、排水量、原料投加量、能源使用量等进行比对分析，查找极值数据，可有效查找数据间的逻辑问题，确保普查指标间的关系符合行业发展规律。对数值型数据，可通过信息化手段对不满足取值要求的数据进行提取及修正；对文本型数据，可将填报数据与标准数据库进行综合比对，从而达到提高数据规范性的目的。在具体工作实践上，可根据技术规定要求开发相应的质检软件，将相应的质量控制规则代码化，并实现错误记录的快速访问及高效查询，以提高污染源普查质量检测的效率。基于代码规则的质量控制，时间及资金成本投入均较低，覆盖面较广，可通过快速查找数据逻辑及规范性错误，解决一定的数据准确性问题，但此方法的局限性在于无法对普查数据与普查对象的数据一致性进行质量控制。

在数据填报规则制定及演算规则上，分为完整性、逻辑性、规范性及数据一致性验证。完整性、逻辑性、规范性及数据一致性的相关验证规则节选如表 10-2～表 10-4 所示。

表 10-2　入户调查与核算阶段数据完整性审查规则（节选）

表名	指标序号	指标名称
G101-1	0	普查小区代码
G101-1	0	年份
G101-1	1	组织机构代码
G101-1	2	单位详细名称
G101-1	3	行业名称1
G101-1	3	行业代码1
G101-1	4	省（自治区、直辖市）
G101-1	4	地区（市、州、盟）
G101-1	4	县（区、市、旗）
G101-1	4	乡（镇）
G101-1	4	街（村）、门牌号
G101-1	4	行政区代码
G101-1	5	中心经度（度）
G101-1	5	中心经度（分）
G101-1	5	中心经度（秒）

表名	指标序号	指标名称
G101-1	5	中心纬度（度）
G101-1	5	中心纬度（分）
G101-1	5	中心纬度（秒）
G101-1	6	企业规模
G101-1	7	法定代表人
G101-1	8	开业时间（年）
G101-1	8	开业时间（月）
G101-1	9	联系人
G101-1	9	电话号码
G101-1	10	登记注册类型
G101-1	11	受纳水体名称
G101-1	12	是否发放新版排污许可证
G101-1	13	企业运行状态
G101-1	14	正常生产时间（小时）
G101-1	15	工业总产值（当年价格）（千元）
G101-1	16	产生工业废水
G101-1	17	有锅炉/燃气轮机
G101-1	18	有工业炉窑
G101-1	19	有炼焦工序
G101-1	20	有烧结/球团工序
G101-1	21	有炼铁工序
G101-1	22	有炼钢工序
G101-1	23	有熟料生产
G101-1	24	是否为石化企业
G101-1	25	有有机液体储罐/装载
G101-1	26	含挥发性有机物原辅材料使用
G101-1	27	有工业固体物料堆存
G101-1	28	有其他生产废气
G101-1	29	一般工业固体废物
G101-1	30	危险废物
G101-1	31	涉及稀土等 15 类矿产
G101-1	32	备注
G101-1	33	单位负责人
G101-1	34	统计负责人（审核人）
G101-1	35	填表人
G101-1	36	报出日期
G101-2	1	产品名称
G101-2	2	产品代码
G101-2	3	生产工艺名称
G101-2	4	生产工艺代码
G101-2	5	计量单位
G101-2	6	生产能力
G101-2	7	实际产量

表 10-3　入户调查与核算阶段数据规范性审查规则（节选）

表名	指标序号	指标名称	审核规则描述
G101-1	0	普查小区代码	与云南省统计用区划代码不一致
G101-1	0	年份	未填报
G101-1	1	统一社会信用代码	校验错误
G101-1	3	行业名称 1	行业类别名称与《国民经济行业分类》（GB/T 4754—2017）类别名称不一致
G101-1	3	行业代码 1	行业代码与《国民经济行业分类》（GB/T 4754—2017）代码不一致
G101-1	4	省（自治区、直辖市）	必须与国家统计局公布的统计用行政名称一致
G101-1	4	地区（市、州、盟）	必须与国家统计局公布的统计用行政名称一致
G101-1	4	县（区、市、旗）	必须与国家统计局公布的统计用行政名称一致
G101-1	4	乡（镇）	必须与国家统计局公布的统计用行政名称一致
G101-1	4	街（村）、门牌号	必须与国家统计局公布的统计用行政名称一致
G101-1	4	行政区代码	必须与国家统计局公布的统计用区划代码一致
G101-1	5	中心经度	与乡镇矢量边界数据进行校验，避免数据越界
G101-1	5	中心纬度	与乡镇矢量边界数据进行校验，避免数据越界
G101-1	8	开业时间（年）	数据大于 2017
G101-1	8	开业时间（月）	数据格式为 01～12
G101-1	9	电话号码	必须为 11 位或 12 位
G101-1	11	受纳水体名称	不得超出后台嵌套数据库填报
G101-1	11	受纳水体代码	不得超出后台嵌套数据库填报
G101-1	12	许可证编号	许可证编号必须为 22 位，前 18 位必须与统一社会信用代码一致
G101-1	14	正常生产时间（小时）	小于 8 760
G101-2	1	产品名称	不得超出后台嵌套数据库填报
G101-2	2	产品代码	不得超出后台嵌套数据库填报
G101-2	3	生产工艺名称	不得超出后台嵌套数据库填报
G101-2	4	生产工艺代码	不得超出后台嵌套数据库填报
G101-2	5	计量单位	不得超出后台嵌套数据库填报
G101-3-1	1	主要原辅材料使用-原辅材料/能源名称	不得超出后台嵌套数据库填报
G101-3-1	2	主要原辅材料使用-原辅材料/能源代码	不得超出后台嵌套数据库填报
G101-3-1	3	主要原辅材料使用-计量单位	不得超出后台嵌套数据库填报
G101-3-2	1	主要能源消耗-原辅材料/能源名称	不得超出后台嵌套数据库填报
G101-3-2	2	主要能源消耗-原辅材料/能源代码	不得超出后台嵌套数据库填报
G101-3-2	3	主要能源消耗-计量单位	不得超出后台嵌套数据库填报
G102-1	9	处理方法名称/代码 1	不得超出后台嵌套数据库填报
G102-1	9	处理方法名称/代码 2	不得超出后台嵌套数据库填报

表名	指标序号	指标名称	审核规则描述
G102-1	9	处理方法名称/代码 3	不得超出后台嵌套数据库填报
G102-1	9	处理方法名称/代码 4	不得超出后台嵌套数据库填报
G102-1	9	处理方法名称/代码 5	不得超出后台嵌套数据库填报
G102-2	16	废水总排放口编号	填报格式为 DW+×××，其中×代表 0~9
G103-1	1	电站锅炉/燃气轮机编号	填报格式应为 MF+××××，其中×代表 0~9
G103-1	4	对应机组装机容量（万千瓦）	与［对应机组编号］应同有或同无
G103-1	5	是否热电联产	与［电站锅炉/燃气轮机编号］应同有或同无
G103-1	9	工业锅炉编号	填报格式应为 MF+××××，其中×代表 0~9

表 10-4　入户调查与核算阶段数据逻辑性审查规则（节选）

序号	逻辑性校验指标一	逻辑性校验指标二	质控规则
1	G102、G103-1~G103-11、G103-13 中的污染物产生量	G102、G103-1~G103-11、G103-13 中的污染物产生量	逻辑性校验指标一需大于等于逻辑性校验指标二
2	G103-1 中的平均收到基含硫量	—	对小于 0.3 或大于 3 的进行提醒
3	G105 中的风险物质存在量	《危险化学品重大危险源辨识》中的临界量	对 G105 中风险物质存在量大幅高于《危险化学品重大危险源辨识》临界量进行提醒
4	G103-3 中的指标 11	G103-3 中的指标 12	指标 11 约为指标 12 的 1.2~1.5 倍，对超出部分进行提醒
5	G103-3 中的指标 08	—	对超出 4 000~5 000 的进行提醒

（2）信息共享

在对污染源进行日常管理的过程中，累积了大量的污染源监管数据，对掌握的监管数据进行分享，是避免数据误差的重要措施之一。云南省开展信息共享的数据来源、数据量及数据情况见表 10-5。

表 10-5　云南省省级信息共享方案

序号	数据类型	数据来源	数据情况
1	自产煤中煤炭成分	云南省煤炭工业局	云南省煤化工集团有限公司及监狱管理局下属煤矿含硫量、灰分、挥发分及低位发热量；曲靖、红河、昭通、丽江、临沧等州市主要矿山的煤炭成分分析
2		矿区规划	恩洪矿区、镇雄矿区、老厂矿区、新庄矿区、夸竹矿区等的煤质分析报告
3		省级审批煤矿环评报告	云南省约 100 个省级审批煤矿环境影响报告书中的煤质成分分析报告
4	生物质燃料成分	相关研究资料及云南省内部分企业实测结果	蔗渣、生物质成型颗粒、稻草、玉米秆、高粱秆、麦秸、木屑等成分分析数据
5	天然气成分	西南管道公司	西南天然气输送管道首站及分输站的硫化氢含量
6	煤气中硫化氢硫含量	专家经验	煤中硫含量不同时硫化氢含量
7	重点排污单位监测数据	云南省生态环境厅在线监测平台	约 246 个企业废气监测浓度

序号	数据类型	数据来源	数据情况
8	各州（市）主要工业产品生产能力	云南省统计局	原煤开采、焦炭、生铁、铁合金、钢材、火力发电（万千瓦）、水泥等在各州（市）的设计生产能力
9	各州（市）主要工业产品产量	云南省统计局	70种工业产品在各州（市）的实际生产能力
10	规模以上工业企业终端能源消费量	云南省统计局	16个州（市）规模以上工业企业的原煤、洗精煤（用于炼焦）、其他洗煤、焦炭、焦炉煤气、高炉煤气、天然气、液化天然气、原油、汽油、柴油等能源的终端能源消费量

通过数据共享，弥补了部分小微企业资料不全导致的填报难问题，提高了填报效率，确保了填报质量。

同时，通过分享各地级行政区主要工业产品生产能力、各地级行政区主要工业产品产量、规模以上工业企业终端能源消费量及能源消费量，为各地级行政区开展宏观数据比对奠定了数据基础。

（3）普查培训

相较于清查技术培训，污染源普查入户调查阶段的培训难度更大，培训对象的选定、方案的制定、内容的选取均会影响培训的效果。为提高培训工作效果，云南省培训工作的主要思路如下：

①过程开展、过程补充、以案促学原则　根据各阶段发现的问题，随时调整培训方案及培训内容，以案例形式强化对技术问题的理解，加快解决填报及核算中的难点及痛点，对填报中的质量问题进行纠偏。

②开放式、互动式、以训代练原则　省级、地级、县级普查机构业务骨干，培训者与受训者之间开展角色交互，让一线实践操作者上讲台，强化基层技术人员对普查制度的理解，培育基层技术骨干。

各阶段培训方案见表10-6。

表10-6　云南省各阶段培训方案

序号	培训内容	培训主体	培训对象	解决问题
1	①普查制度解读；②五大源普查技术规定解读；③水泥、钢铁、采矿、化工等行业的专题填报培训	各级普查机构	普查技术人员、"两员"及企业	以案例形式明确普查技术要求
2	入户调查初期阶段质量问题解读	云南省普查办	县级及以上普查机构及第三方技术人员	及时开展过程纠偏
3	G106-1填报案例解读	云南省普查办	县级及以上普查机构及第三方技术人员	系统解决工业源核算问题
4	入户调查结束后行业质量控制及宏观质控问题解析	云南省普查办	县级及以上普查机构及第三方技术人员	解决基础信息错误及缺表问题
5	钢铁，有色金属采选冶，水泥，制糖，农产品初加工，煤化工等行业普查报表填报质量问题解读	云南省普查办	云南省省属州（市）企业	解决省属企业填报质量问题
6	五大源产排污核算方法初步解读	云南省普查办	县级及以上普查机构及第三方技术人员	深化对普查核算方法的理解

序号	培训内容	培训主体	培训对象	解决问题
7	产排污系数研讨式培训	云南省及州市普查办人员	云南省及州（市）普查办人员	强化普查制度、技术规定及系数手册的融合
8	五大源产排污核算操作及案例分析	—	县级及以上普查机构及第三方技术人员	深化对普查核算方法的理解
9	五大源核算结果问题通报及问题解析	云南省普查办	县级及以上普查机构及第三方技术人员	及时解决核算缺漏、重复问题

（4）"一企一档"建设

为保证普查报表质量，提高普查数据的可溯源性，并为全省环境管理奠定基础，云南省在环保专网部署了云南省污染源普查电子档案管理系统。污染源普查档案资料对于真实、准确、全面反映普查对象基本信息，加强普查工作质量控制，具有十分重要的作用。电子档案系统不仅方便档案管理保存，更方便档案资料查询使用。云南省要求各地普查机构要按照普查电子档案系统要求，对污染源调查中形成的支撑性材料及时上传到电子档案信息系统，为云南省"一企一档、动态更新、全生命周期管理"的污染源管理体系建设奠定数据基础。

普查档案分为普查机构和普查对象两部分。普查机构档案分省、州（市）、县（区）3 个层级。普查对象档案包括纳入普查的工业源、集中式污染治理设施、规模化畜禽养殖场、生活源。工业源档案内容分为基本信息、设施信息、污染治理信息、生产信息、风险信息、项目审批情况六部分。集中式污染治理设施档案内容分为基本信息、污染治理信息、管理信息三部分。规模化畜禽养殖内容分为基本信息、养殖及圈舍信息、污染治理信息、污染物利用情况、审批信息等六部分。生活源分生活源锅炉、入河排污口及行政村三部分。

①统一管理原则。各级普查机构是污染源普查电子档案的责任主体，各级普查机构是普查对象的电子档案收集的责任主体，要指定专人及时做好普查机构及普查对象的电子档案的收集、整理、归档工作。

②分源（件）原则。数据采集及审核过程中形成的支撑材料应按云南省电子档案模块分源、分类、分件原则进行整理及上传，并满足"一源一档、一企一档"的建设要求。

③一致性原则。上传的相关支撑资料应当做到清晰、无污损，应与普查对象实际一致，并与录入第二次全国污染源普查系统中的数据保持一致。

④重点突出原则。对于纳入环境统计及新版排污许可证的工业企业、集中式污染治理设施、规模化畜禽养殖场，必须按照电子档案模块建设内容逐一上传相关电子档案，其他企业由各级普查机构根据企业实际情况上传电子档案。

⑤保密原则。各级普查机构要加强污染源普查档案的保密管理。

10.1.4.2　事中质量控制

虽然云南省在入户及核算工作开展之前对入户及核算过程中存在的问题进行了预判，但鉴于污染源普查是一项涉及面广、技术要求高的基础调查工作，无法确保通过填报规则的制定、信息共享、培训实施及"一企一档"的建设就解决所有的质量问题。还需深入到企业一线，系统发现填报过程中存在的问题，及时开展过程性纠偏，压实产排污特征，确保核算的完整性及准确性，实现入户调查及核算阶段的事中质量控制。

（1）过程抽样

过程抽样是开展事中质量控制的基础，也是系统的发现普查数据质量问题的主要措施，过程抽样是抽取已经完成入户调查的企业进行二次入户，对照普查技术路线及技术方法发现普查填表填报的主要问题，是系统发现入户过程中的普遍性问题的主要途径，可较好地起到过程纠偏的作用，能有效地发现并解决事前质控无法发现的问题。为确保质量控制的效率，能用于过程实地抽查的时间及实地抽查样本有限，必须确保抽查样本的代表性及质量控制技术路线的全面性，并开展问题的系统化归纳和总结，以实现对普查过程中问题的系统化及制度化解决。

为充分发挥过程抽样的作用，云南省在入户调查阶段组织了3次过程抽样，过程抽样覆盖所有州（市）及云南省主要行业，系统地挖掘了入户调查及核算结果存在的问题，并建立了制度化的质量控制方案，起到举一反三的作用，提高云南省质量审核的广度及系统性。云南省过程抽样问题清单及解决方案见表 10-7。

表 10-7　云南省过程抽样问题清单及解决方案

序号	存在的主要问题	解决方法	具体措施
1	对企业产污特征判读不准确，导致废水表、废气表缺失	产污特征判别	根据行业特征、系数手册及专家判读，判读是否缺表，并通过质量控制系统调度
2	核算工段及核算因子缺失	系统比对	将基础信息表与核算信息表进行比对，查找核算工段缺失问题；将同一四同组合下填报的污染因子与后台数据库进行比对，查找核算因子缺失问题
3	基础信息表和核算信息表中数据不一致	数据一致性比对	利用云南省质量控制系统进行跨表数据比对，避免数据填报前后不一致
4	行业数据逻辑有误，如单位产品能耗、原料用量、价格不符合行业特征	行业质控	开展行业质量控制，利用产业政策、清洁生产标准、用水定额等标准确定数据合理范围
5	污染源普查数据与环境统计、总量减排等历史数据不一致，虚报基础信息	历史记录验证	对重点企业填报数据进行多数据源的一致性比对，对差距较大的组织重新入户

（2）产排污特征判别

准确的判读企业的产污特征，即各企业是否产生生产废水、生产废气、一般工业固体废物、危险废物，是开展污染物产排量核算及工业固体废物填报的基础，更是确保污染物产、排量计算准确的基础。

为压实工业污染源废水/废气表、工业企业污染物产排污系数核算表的填报，云南省充分利用产排污手册中对各行业的核算要求，采用系统调度及专家判读相融合的方式压实企业产污特征，对于各行业污染物产生量应算尽算。

①经过事中的系统质量控制，云南省不产生生产废水的行业主要为黏土砖瓦及建筑砌块制造，水泥

制品制造，石灰石、石膏开采等行业，这与专家对云南省行业特点的认知是一致的。云南省不产生废水企业的行业分布情况见表10-8。

表 10-8 云南省不产生废水企业的行业分布情况（节选）

行业名称	行业代码	企业数量/家	行业名称	行业代码	企业数量/家	行业名称	行业代码	企业数量/家
农产品初加工活动	0514	259	建筑用木料及木材组件加工	2031	49	塑料板、管、型材制造	2922	205
石灰石、石膏开采	1011	1 032	木门窗制造	2032	115	塑料丝、绳及编织品制造	2923	75
建筑装饰用石开采	1012	78	木质家具制造	2110	672	泡沫塑料制造	2924	43
黏土及其他土砂石开采	1019	600	软木制品及其他木制品制造	2039	47	塑料包装箱及容器制造	2926	150
化学矿开采	1020	51	竹制品制造	2041	48	日用塑料制品制造	2927	43
稻谷加工	1311	190	其他家具制造	2190	99	塑料零件及其他塑料制品制造	2929	78
其他饲料加工	1329	137	纸和纸板容器制造	2231	97	水泥制造	3011	44
食用植物油加工	1331	151	其他纸制品制造	2239	58	石灰和石膏制造	3012	106
蔬菜加工	1371	69	书、报刊印刷	2311	122	水泥制品制造	3021	1 914
水果和坚果加工	1373	105	本册印制	2312	43	砼结构构件制造	3022	46
米、面制品制造	1431	39	包装装潢及其他印刷	2319	163	轻质建筑材料制造	3024	74
其他调味品、发酵制品制造	1469	37	装订及印刷相关服务	2320	33	其他水泥类似制品制造	3029	92
瓶（罐）装饮用水制造	1522	313	雕塑工艺品制造	2431	41	黏土砖瓦及建筑砌块制造	3031	1 192
精制茶加工	1530	654	煤制品制造	2432	82	建筑用石加工	3032	246
床上用品制造	1771	48	生物质致密成型燃料加工	2542	70	其他建筑材料制造	3039	84
服饰制造	1830	30	复混肥料制造	2624	55	其他非金属矿物制品制造	3099	99
锯材加工	2011	615	有机肥料及微生物肥料制造	2625	95	铁合金冶炼	3140	32
木片加工	2012	203	涂料制造	2641	57	金属结构制造	3311	413
单板加工	2013	69	林产化学产品制造	2633	104	金属门窗制造	3312	643
胶合板制造	2021	68	塑料薄膜制造	2921	76	农用及园林用金属工具制造	3323	87

②云南省不产生生产废气的行业较少，主要为自来水生产及供应业、服饰制造、牲畜屠宰等行业。

通过进行系统的产污特征分析及现场核对，云南省产生废水的工业企业从入户调查阶段之初的36.88%提高至普查结束时的39%；产生废气的企业从74.65%提高至86.25%；产生一般工业固体废物的企业占74.23%；产生危险废物的企业占14.06%。

（3）核算完整性及准确性审核

①核算完整性审核　核算完整性审核的主要目标为要确保有废水及废气的企业的所有核算环节、核算因子均参与了核算，对核算不全面的信息予以推送、预警，并及时予以优化，确保污染物产排量应算尽算。核算完整性审查规则见表10-9。

表10-9　核算完整性审查规则

序号	质控规则
1	G101-1 所有的行业代码必须出现在 G101-2 和 G101-3 中
2	G101-2 出现的工艺名称需出现在 G106-1 中
3	只要出现 G102、G106-1 废水总排口名称，应该出现"DW+3 位数字"或"核算产生量"
4	G102 所有的排口，在 G106-1 中是否存在对应的核算环节
5	G103-1 所有的排口，在 G106-1 中是否存在对应的核算环节
6	G103-3 所有的排口，在 G106-1 中是否存在对应的核算环节
7	G103-4 所有的排口，在 G106-1 中是否存在对应的核算环节
8	G103-5 所有的排口，在 G106_1 中是否存在对应的核算环节
9	G103-6 所有的排口，在 G106-1 中是否存在对应的核算环节
10	G103-7 所有的排口，在 G106-1 中是否存在对应的核算环节
11	G103-8 所有的加热炉，在 G106-1 中是否存在对应的核算环节
12	G103-9 所有的加热炉，在 G106-1 中是否存在对应的核算环节
13	G103-13 所有填报了产品产量、原料用量的，在 G106-1 中是否存在对应的核算环节
14	比对产污系数字典表，G106-1 表中产品、工艺、原料、生产规模等级，污染物类型、污染物因子组合是否有缺漏，要确保污染因子都查询到位
15	G106-1 表中产品、工艺、原料、生产规模等级、污染物类型、污染物因子组合是否与产污系数字典表一致
16	各污染因子下，如果"污染物处理工艺名称"为空白，则认为是直排，需要推送到前台，并注明"××核算工段下××（污染物）为直排"

②重复核算问题　在核算过程中，对13张废气表的污染物产排量进行交叉验证，对可能出现的G103-1~G103-9、G103-13、及G103-2中多个炉窑对应一个核算工段的核算结果完全一致的情况进行提醒和推送，避免废气类污染物排放量重复核算。

③数据一致性问题　因为按普查制度设计，基础信息及核算信息通过多个表填报，为避免出现基础信息与核算信息变成了两张皮的现象，有效构建基础信息与核算信息的关系，避免核算信息表以化学需氧量、挥发性有机物、二氧化硫作为指标，人工建立了1 000余条基础信息与核算信息一致性分析的数据提取及比对规则，对不一致的，予以再次核实及完善。

（4）历史记录验证

在对污染源进行日常管理的过程中，累积了对污染源的监管数据，通过普查个体数据与相关行政记录数据的匹配检查实现对普查数据的微观及宏观层次审核。可用于行政记录数据审核的数据包括排污许可证执行报告数据、重点排污单位监测数据、危险废物申报数据、环境统计及总量减排数据等。工作过程中既实现个体信息的匹配检查，也开展总体信息、行业信息的匹配验证。同时，行政记录数据有相应的规章制度保障其有效性及准确性,行政记录审核法的效力高于内部数据一致性分析。

(5)数据一致性比对

因两次污染源普查时间相距较远,较难通过两次污染源普查数据开展数据一致性分析,该阶段的数据一致性验证主要为外部数据一致性验证。外部数据一致性分析,其思路是将普查数据与外部独立来源数据进行一致性比对,将污染源普查过程获得的能源消费量、主要工业产品的设计产量及实际产量、人口数据与其他部门获取的权威数据进行比对,用于评估普查对象的全面性、能源消费量及工业产品量填报的准确性,并可有效查找数据填报不规范导致的数据汇总错误等问题,从宏观层面压实污染物的产生量及排放量。为确保外部数据一致性分析的有效性,必须确保参与比对数据的权威性及多元化、比对层级的多样化及比对指标内涵的一致性。开展外部数据一致性比对的数据可来源于统计、住建、能源等部门;数据比对的维度从省、市、县、企业按"自上而下"原则开展四级比对,并开展数据差异性分析,反向压实普查数据质量。

①能源结构审核

云南省燃料结构以原煤、焦炭、天然气为主,其使用量对云南省二氧化硫、颗粒物、氮氧化物排放量影响较大。因此,云南省制定了能源数据提取及汇总规则(表 10-10),并与省统计局提供的能源消费数据进行省、市、县、企业四级比对,有效地查找了数据填报不规范、数据与计量单位不对应、数据漏填等问题。

表 10-10　能源消费量宏观校正数据提取及汇总规则

序号	名称	能源代码	全省工业企业能源消费情况数据提取规则
1	原煤	2、3、4、5	G101-3 表中"二主要能源消耗"中能源代码为 2、3、4、5 所对应的"使用量"的加和/10 000
2	洗精煤(用于炼焦)	6	G101-3 表中"二主要能源消耗"中能源代码为 6 所对应的"使用量"的加和/10 000
3	其他洗煤	7	G101-3 表中"二主要能源消耗"中能源代码为 7 所对应的"使用量"的加和/10 000
4	煤制品	8	G101-3 表中"二主要能源消耗"中能源代码为 8 所对应的"使用量"的加和/10 000
5	焦炭	9	G101-3 表中"二主要能源消耗"中能源代码为 9 所对应的"使用量"的加和/10 000
6	其他焦化产品	10	G101-3 表中"二主要能源消耗"中能源代码为 10 所对应的"使用量"的加和/10 000
7	焦炉煤气(亿立方米)	11	G101-3 表中"二主要能源消耗"中能源代码为 11 所对应的"使用量"的加和/10 000
8	高炉煤气(亿立方米)	12	G101-3 表中"二主要能源消耗"中能源代码为 12 所对应的"使用量"的加和/10 000
9	天然气(亿立方米)	15	G101-3 表中"二主要能源消耗"中能源代码为 15 所对应的"使用量"的加和/10 000
10	液化天然气	16	G101-3 表中"二主要能源消耗"中能源代码为 16 所对应的"使用量"的加和/10 000
11	原油	18	G101-3 表中"二主要能源消耗"中能源代码为 18 所对应的"使用量"的加和/10 000
12	汽油	19	G101-3 表中"二主要能源消耗"中能源代码为 19 所对应的"使用量"的加和/10 000
13	煤油	20	G101-3 表中"二主要能源消耗"中能源代码为 20 所对应的"使用量"的加和/10 000
14	柴油	21	G101-3 表中"二主要能源消耗"中能源代码为 21 所对应的"使用量"的加和/10 000
15	燃料油	22	G101-3 表中"二主要能源消耗"中能源代码为 22 所对应的"使用量"的加和/10 000
16	液化石油气	23	G101-3 表中"二主要能源消耗"中能源代码为 23 所对应的"使用量"的加和/10 000
17	炼厂干气	24	G101-3 表中"二主要能源消耗"中能源代码为 24 所对应的"使用量"的加和/10 000
18	其他燃料(万吨标准煤)	36	G101-3 表中"二主要能源消耗"中能源代码为 36 所对应的"使用量"的加和/10 000

②大宗工业产品产量审核

从云南省历史排放数据来看，云南省废气中常规污染物和重金属污染物的主要排放行业是煤炭开采和洗选业，黑色金属矿采选业，有色金属矿采选业，非金属矿采选业，农副食品加工业，酒、饮料和精制茶制造业，造纸和纸制品业，石油、煤炭及其他燃料加工业，化学原料和化学制品制造业，医药制造业，非金属矿物制品业，黑色金属冶炼和压延加工业，有色金属冶炼和压延加工业等行业。

根据云南省的产排污特点，以上重点排污行业分摊到各小类行业下具体的产品，影响废气污染物排放量的产品主要为生铁、铁合金、粗钢、钢材、原铝、铅、锌、锡、锑、黄磷、焦炭、机制纸及纸板、纯碱、烧碱等；影响废水污染物排放量的产品主要为原煤、纸浆、成品糖、啤酒、发酵酒精、合成氨等。

云南省通过多轮普查数据与统计数据的比对，从省、市、县、企业四级开展"自上而下"的层层比对，反向压实基础数据填报质量，并通过反向查询"一企一档"查实基础信息与企业数据的一致性。审核规则见表 10-11。

表 10-11   大宗工业产品宏观校核数据提取规则

序号	产品名称	数据提取规则	单位
1	原煤	G101-2 中行业类别为 06，"工艺编码"为 0610C001、0610C002、0620C001、0620C002、0690C001、0690C002 的"实际产量"的加和/10 000	万吨
2	洗精煤（用于炼焦）	G101-2 中行业类别为 06、1110，"产品编码"为 0610A001、0620A001、0690A001、1110A001 的"实际产量"的加和/10 000	万吨
3	焦炭	G101-2 中行业类别为 2521，"产品编码"为 2521A001 的"实际产量"的加和/10 000	万吨
4	铁矿石原矿量	G101-2 中行业类别为 0810，"产品编码"为 0810A001、0810A002、0810A003、0810A004、0810A005 的"实际产量"的加和/10 000	万吨
5	锰矿石成品矿	G101-2 中行业类别为 0820，"产品编码"为 0820A001 的"实际产量"的加和/10 000	万吨
6	磷矿石（折 P_2O_3 30%）	G101-2 表中行业类别为 1020，"产品编码"为 1020A001 的"实际产量"的加和/10 000	万吨
7	生铁	G101-2 中行业类别为 3110，"产品编码"为 3110A003、3110A004、3110A005、3110A006、3110A007 的"实际产量"的加和/10 000	万吨
8	粗钢	G101-2 中行业类别为 3120，"产品编码"为 3120A001、3120A002、3120A003、3120A004 的"实际产量"的加和/10 000	万吨
9	铁合金	（G101-2 中行业类别为 3140，"产品编码"为 314001A001 至 314001A027 的"实际产量"的加和+"产品编码"为 314002A001 至 314002A003 的"实际产量"的加和）/10 000	万吨
10	铜	G101-2 中行业类别为 3211，"产品编码"为 3211A001、3211A002 "实际产量"的加和/10 000	万吨
11	原铝	G101-2 中行业类别为 3216，"产品编码"为 3216A002 "实际产量"的加和/10 000	万吨
12	铅	G101-2 中行业类别为 3212，"产品编码"为 321201A001 "实际产量"的加和/10 000	万吨
13	锌	G101-2 中行业类别为 3212，"产品编码"为 321202A001、321202A002 "实际产量"的加和/10 000	万吨
14	锡	G101-2 中行业类别为 3214，"产品编码"为 3214A001 "实际产量"的加和/10 000	万吨
15	锑	G101-2 中行业类别为 3215，"产品编码"为 3215A001、3215A002 "实际产量"的加和/10 000	万吨

序号	产品名称	数据提取规则	单位
16	硫酸（折 100%）	G101-2 表中行业类别为 2611，"产品编码"为 261102A001"实际产量"的加和×98%/10 000	万吨
17	烧碱（折 100%）	G101-2 表中行业类别为 2612，"产品编码"为 261201A001"实际产量"的加和/10 000	万吨
18	黄磷	G101-2 表中行业类别为 2619，"产品编码"为 2619A001"实际产量"的加和/10 000	万吨
19	纯碱	G101-2 表中行业类别为 2612，"产品编码"为 261202A001"实际产量"的加和/10 000	万吨
20	合成氨	G101-2 表中行业类别为 2621，"产品编码"为 2621A001"实际产量"的加和/10 000	万吨
21	氮肥	（G101-2 表中行业类别为 2621，"产品编码"为 2621A002"实际产量"的加和×46%+"产品编码"为 2621A003 实际产量"的加和×36%）/10 000	万吨
22	磷肥	（G101-2 表中行业类别为 2622，"产品编码"为 2622A003 的"实际产量"的加和×46%+"产品编码"为 2622A004 的"实际产量"的加和×20%+"产品编码"为 2622A005 的"实际产量"的加和×17%+"产品编码"为 2622A006 的"实际产量"的加和×17%）/10 000	万吨
23	卷烟	G101-2 表中行业类别为 1620，"产品编码"为 1620A001"实际产量"的加和×5	亿支
24	成品糖	G101-2 表中行业类别为 1340，"产品编码"为 1340A001、1340A002、1340A003"实际产量"的加和/10 000	万吨
25	发酵酒精（折 96 度）	G101-2 表中行业类别为 1511，"产品编码"为 1511A001"实际产量"的加和×1 000	万升
26	原盐	G101-2 表中行业类别为 1030，"产品编码"为 1030A001 至 1030A003"实际产量"的加和/10 000	万吨
27	白酒（折 65 度）	G101-2 表中行业类别为 1512，"产品编码"为 1512A001 至 1512A014 对应的"实际产量"的加和/10 0000	亿升
28	啤酒	G101-2 表中行业类别为 1513，"产品编码"1513A001"实际产量"的加和/10	亿升
29	葡萄酒	G101-2 表中行业类别为 1515，"产品编码"1515A001"实际产量"的加和/10	亿升
30	水泥	G101-2 表中行业类别为 3011，"产品编码"为 3011A002"实际产量"的加和/10 000	万吨
31	平板玻璃	G101-2 表中行业类别为 3041，"产品编码"为 3041A001"实际产量"的加和×20/10 000	万重量箱

鉴于统计局统计样本与污染源普查统计对象不完全一致，在比对过程中需要注重数据内涵的变化。

10.1.4.3　事后质量评估

与清查阶段的事后质量评估不同，入户及核算阶段的事后质量评估是建立在重复调查及系统评估基础上的，属于完全的事后质量评估，是对各地污染源普查工作做法、经验、问题的系统总结，该阶段的事后质量评估并非为了修正普查数据，而是用来评价普查数据质量与普查工作的质量，为持续改进下次普查工作质量提供依据和借鉴。

按国家统一部署，云南省事后质量评估以质量核查及验收的方式开展。

其中质量核查工作按市（自治州）全覆盖、以县级行政区为单位随机抽样的原则开展，对名录库的完整性、错误率进行现场核实，并对漏查率及关键指标错误率进行计量。

同时为确保该阶段事后质量评估的全面性，云南省以验收的形式对各市（自治州）第二次全国污染源普查的前期准备、清查建库、全面普查的落实情况，以及普查目标的实施情况进行了全面的检查及评估，云南省第二次全国污染源普查工作验收内容详见表 10-12。

表 10-12   云南省第二次全国污染源普查工作验收

验收内容		分数	验收标准	
			满分	扣分原则
前期准备（23分）	机构设立、人员配备	5	普查领导小组及其办公室（工作办公室）等机构成立及时；专职人员配备充足	普查领导小组及其办公室（工作办公室）等机构成立晚于 2017 年 10 月 31 日的酌情扣分，晚于 2017 年 12 月 31 日不得分；专职人员配备较少不满足工作需要的不得分
	实施方案（工作方案）编制	4	实施方案（或工作方案）印发及时、科学合理、操作性强	实施方案（或工作方案）科学性和操作性较差、印发较晚（晚于 2018 年 6 月 30 日）的不得分；实施方案印发晚于 2018 年 03 月 31 日的酌情扣分
	经费落实	2	资金充足，按需拨付到位并专款专用	资金到位较晚（2018 年度、2019 年度经费均晚于当年 6 月 30 日到账），无法保障正常工作，经费使用存在违规问题的不得分
	普查员和普查指导员选聘和管理	3	"两员"选聘符合国家、省相关文件要求，配备数量比例满足各类源相关要求，管理到位，满足工作需要	"两员"选聘与国家、省相关文件要求差距较大，配备数量比例无法满足各类源相关要求，管理不规范的酌情扣分，难以满足工作需要的不得分
	宣传与培训	6	宣传活动卓有成效、特色显著、影响广泛；培训工作分阶段组织开展，覆盖全面、方法有效	宣传资金匮乏，宣传工作效果不佳的酌情扣分，没有进行宣传的不得分；培训工作安排不合理，与工作脱节，培训效果不显著的酌情扣分，没有全覆盖的不得分
	特色亮点	3	普查前期准备工作中形成一些特色亮点工作经验	普查前期准备工作特色经验不足的酌情扣分
清查建库（23分）	普查调查单位名录库筛选、普查基本名录库建立	15	根据行政区域内现有工商、税务、市场监督、统计、农业农村等名录收集工作，结合国家、省下发的名录库进行补充完善；组织开展实地访问、逐户摸底、排重补漏，对清查结果进行审核并组织复核；开展质量核查，对核查结果进行反馈，要求整改，编制质量核查与评估报告	未对国家、省下发的名录库进行增补的不得分；实地访问、逐户摸底、排重补漏工作开展较差，未对清查结果进行审核的不得分；未开展质量核查或质量核查流于形式，未反馈、未整改的不得分
	伴生放射性矿、入河（湖）排污口、生活源锅炉清查	5	完成可能伴生天然放射性核素的 8 类重点行业 15 个类别矿产采选、冶炼和加工产业活动单位放射性水平初测的相关协调配合工作；开展监测的规模以上市政入河（湖）排污口数量高于该类型排污口总量的 20%；生活源锅炉运行情况、锅炉治理设施等信息填报内容完整、规范、准确	未完成伴生天然放射性核素的 8 类重点行业 15 个类别矿产采选、冶炼和加工产业活动单位放射性水平初测名单筛选、初测工作的不得分，相关协调配合工作不到位的酌情扣分；开展监测的规模以上市政入河（湖）排污口数量少于该类型排污口总量 10%的不得分，不涉及该项工作的不扣分；生活源锅炉运行情况、锅炉治理设施等信息填报存在错误或漏填的不得分
	特色亮点	3	清查建库工作中形成一些特色亮点工作经验	清查建库工作形成特色经验不足的酌情扣分

验收内容		分数	验收标准	
			满分	扣分原则
全面普查（54分）	入户调查与数据采集	10	数据填报完整规范，数据来源真实可靠； 普查员、普查指导员现场指导填报； 利用移动数据采集终端确认或补充采集相关地理坐标信息； 农业源、生活源、移动源的综合报表数据由相关管理部门提供，数据完整准备	数据填报不完整、规范性不高，数据来源真实性较差的不得分； 普查员、普查指导员未开展现场指导工作的不得分，由于普查员、普查指导员未尽职导致填报错误的酌情扣分； 未利用移动数据采集终端采集相关地理坐标信息的不得分； 农业源、生活源、移动源的综合报表数据完整性、准确性较差的不得分
	数据审核	20	制定数据审核工作方案，按要求开展逐级审核工作； 对国家、省反馈问题及时进行整改； 各级普查机构均对关闭、关停企业建档； 对普查入户调查形成的基本单位名录进行校核比对工作； 开展数据质量提升工作	未制定数据审核工作方案，或未开展逐级审核工作不得分； 对国家、省反馈的问题整改不及时、不到位不得分； 关闭、关停企业未进行归档不得分； 普查入户调查基本单位名录校核比对工作不全面、未开展数据质量提升工作的不得分
	质量核查	10	开展质量核查工作，并将结果反馈各地进行整改，编制质量核查与评估报告； 关闭、关停企业纳入质量核查重点	质量核查工作未开展或不到位，未对核查结果进行反馈，未编制质量核查与评估报告的不得分； 关闭、关停企业未纳入质量核查重点的不得分
	数据汇总	10	全面开展区域、行业等汇总数据与统计、城建、行业协会等管理部门掌握的宏观数据比对，分析各类源、各工业行业产能、产量及主要污染物排放占比合理性	汇总数据与其他统计、城建、行业协会等管理部门掌握的宏观数据的比对工作开展不到位，未全面分析各类源、各工业行业产能、产量及主要污染物排放占比的合理性的不得分
	特色亮点	4	开展全面普查工作中形成一些特色亮点工作经验	开展全面普查工作形成特色经验不足的酌情扣分
加分项		5	符合以下条件的酌情加分，满分 5 分： ①污染源档案完整、分类有序、按要求整理安放的； ②电子档案按照《云南省第二次全国污染源普查领导小组办公室关于做好污染源普查电子档案建设及管理工作的通知》（云污普〔2019〕15 号）执行较好的； ③地级普查领导小组会商、审议了普查数据的； ④积极运用普查成果的（如论文、专著、科技成果、管理工作意见建议等）； ⑤其他方面突出的。 符合其中 3 项以上的满分	
普查目标			是否完成了对行政区域内各县级行政区的普查工作验收	
			是否完成了普查数据分析报告、工作总结报告编制工作（含农业源专项报告）	
			文件资料是否分类有序、按要求整理安放	
			地级普查领导小组是否会商、审议了普查数据	

10.2　工作经验总结

10.2.1　工作总结

从云南省开展的全过程质量控制工作经验成果来看，污染源普查作为一种全面调查，误差主要体现在普查对象缺漏、基础信息调查不准确、普查指标填报不全面、污染物核算错误及数据汇总错误等，普查数据质量保障必须基于普查组织实施全过程，建立基于全员、全过程的质量控制保障体系，在工作过程中开展系统的问题查摆、方法优化、过程调整及系统纠偏。

经系统研究现阶段污染源普查的技术环境及社会环境，云南省识别出污染源普查技术方案设计、普查组织管理及普查所处的社会环境对污染源普查质量的影响途径，在污染源普查过程中构建了全过程的污染源普查质量保障方法体系，从优化普查调查制度设计、强化宣传及培训保障、实施普查过程质量控制及事后质量评估来控制误差的形成及影响，并对后续普查工作开展提供借鉴。该方法体系在云南省第二次全国污染源普查期间进行了实践及验证，检验并改善了普查数据质量，确保了污染源普查质量在工作过程中的持续改善。

从云南省开展的质量控制工作实践来看，云南省污染源普查取得的工作经验有：

（1）提前研判问题，做好应对预案

鉴于污染源普查十年开展一次，且第二次全国污染源普查采用信息化手段填报及核算，调查对象体量较大，信息的填报、审核工作大部分为基层人员开展，在较短的时间内无法确保相关的技术要求能第一时间培训到位、理解到位、落实到位。提前预判在普查组织、资金保障、人员保障、宣传培训、报表填报方面可能存在的问题，做好应对预案，并通过提前优化组织方案、省级资金保障、培训方案、质控方案等措施加以解决。

（2）压实各级技术保障及质控责任

数据质量是污染源普查工作的生命线，关乎普查结果的成败。污染源普查质量好坏的关键因素为技术保障能力的建设及质控责任的落实问题，鉴于云南省沿边地区基层人员不足、技术保障不到位，云南省在压实各级技术保障及质控责任的同时，强化了省级技术保障及质控责任，建立了由省生态环境厅下属事业单位联合的技术保障力量，由省级技术团队开展清查软件设计、质控规则制定、质控方案的建立、普查培训、过程纠偏、数据共享等，全方位地建立了云南省技术保障及质量控制体系，避免出现地级及县级普查机构审核不全面的问题。

（3）信息化手段与人工手段同步开展

为提高审核效率，云南省建立了信息化手段与人工手段同步质控的方案，建立了以信息化手段为核心、技术组及信息组联合办公的工作方案，紧扣普查各阶段存在的问题，由技术组完成普查语言至数字语言的翻译，由信息组完成数字语言的软件化，全过程实现技术要求与信息化运用的无缝对接，做好云南省第二次全国污染源普查信息化中的技术构架，化解了普查技术要求与地方需求之间、普查目标与地方实际之间的矛盾，全面提高了普查质量控制的质量。在质量控制过程中通过全网抓取数据、在线运算、分企业反馈、在线公布各地错误率等措施，将数据质量问题解决在了企业填报端，减少了"两员"的报表审核压力，解放了"两员"的双手双眼，显著地提高了数据的质量。

但信息化手段仅能解决数据规范性、一致性及完整性问题，无法解决数据的逻辑性及准确性问题，为弥补信息化手段的不足，云南省组织专家力量及省级技术团队开展数据的逻辑性、合理性验证，开展重点行业、重点报表的审查。通过信息化手段与人工手段的相互配合及相互弥补来提高云南省普查数据的质量。

（4）过程质量控制原则

过程质量控制是系统的发现普查数据质量的主要措施，是避免数据质量问题层层累积的基础，是确保最终普查质量的重要措施。过程质量控制是在充分挖掘了入户调查及核算结果存在问题的基础上，对改进方案予以制度化的改善，以起到举一反三的作用，提高云南省质量审核的广度及系统性。

（5）微观、行业、核算过程与宏观质量控制同步

微观质控可有效解决数据的规范性、完整性及部分逻辑性问题，但无法解决数据的合理性、一致性及准确性问题；行业质量控制可根据行业特征解决行业内数据分布规律不合理、产排污特征判读有误、基础数据填报有误、核算不合理等问题；核算过程质量控制可有效解决基础信息与核算信息不一致问题及核算完整性问题；宏观质量控制可解决重点普查对象缺失、填报基础信息有误的问题。只有同时做好微观、行业、核算过程与宏观质量控制，才能确保普查质量的全面提高。

10.2.2　工作建议

为给后续污染源普查提供更好的工作借鉴，对我国在固定污染源管理中应注意的问题提出以下建议：

①建立基于全生命周期管理的污染源数据中心。开展污染源各类业务系统的整合和历史数据的应用及数据的共享互通，形成污染源的唯一标识，最大限度地发挥行政记录审核在污染源普查质量管理中的作用，并为开展污染源普查数据与权威统计数据的一致性比对奠定技术基础。

②强化日常性环境统计对污染源普查工作的支撑及反馈，建立污染源普查后台相关代码信息的动态维护机制，建立更为完善的污染源基本信息、治理信息及排放信息代码数据库，以适应我国不断细化的生态环境保护工作需求。

③建立健全基于行政管理层面的污染源普查质量保障体系，实现污染源普查质量控制的制度化、标准化、系统化和规范化。

④探索建立污染源普查与其他类普查及统计的融合工作，特别是影响污染治理水平及污染物产排量核算的关键指标的融合。

⑤利用大数据背景下的现代信息技术，完善和丰富普查数据质量评估方法。如打通市场、税务、电力等部门的数据，利用排污许可制度，在现有开展的"五证合一"的基础上融合排污许可证，确保污染源基本单位名录库的真实完整和及时更新，利用排污许可执行报告对基础信息及污染物排放量进行更新，奠定污染源普查可靠的数据基础。

11   陕西省

11.1   质量管理工作开展情况

11.1.1   前期准备质量管理

（1）科学配置普查机构

1）成立普查机构，落实主体责任

陕西省按照"全国统一领导、部门分工协作、地方分级负责、各方共同参与"的原则成立了省、市、县三级普查领导小组，明确分工、落实责任，为高质量、高标准完成普查工作奠定基础。

省级层面：2017 年 7 月，陕西省政府办公厅印发了《关于成立省第二次全国污染源普查领导小组的通知》，成立了以主管副省长任组长，省政府副秘书长、省生态环境厅厅长和省统计局局长任副组长，省直 20 个相关厅（局）为成员单位的污染源普查领导小组，负责领导和协调全省污染源普查工作。省农业农村厅、省水利厅成立了相应的组织机构，组织开展普查工作。伴生放射性矿普查由省辐射站组织实施，成立了由厅党组成员、核安全局局长任组长的伴生放射性矿普查工作领导小组，办公室设在省辐射站。

市、县层面：各市、县人民政府积极落实主体责任，成立相应的污染源普查领导小组及其办公室，领导和协调本行政区域内的污染源普查工作，动员、部署和落实各项工作。

部门协作：陕西省普查方案明确了各成员单位的职责分工，各部门各司其职，开展了富有成效的工作。生态环境厅充分发挥牵头作用，组织、协调相关部门和各级普查机构有序推进各个阶段工作，及时召开厅务会听取汇报、部署工作；省市场监督管理局提供企业单位名单，协助建立全省污染源普查基本单位名录库；省农业农村厅、省水利厅积极开展农业源、入河排污口普查工作；省财政厅负责落实普查经费；其他部门也根据职责任务，大力支持配合普查工作的开展。

2）组建专业普查队伍，保障普查质量

普查办设在陕西省环境科学研究院，该院抽调 20 余名业务骨干专职从事普查工作，其中环境相关专业硕博士占 70%。普查办内设综合组、技术组、数据组、督办组和宣传组。为了保障普查工作顺利推进，在机构改革过程中省生态环境厅没有调整普查分管领导，陕西省普查办也没有调整人员，保障了普查队伍稳定性和工作的连续性。陕西省普查办统筹部署，合理安排，有序推进，在普查各阶段工作中微观细核、宏观比对，极大地提升了普查工作质量，在全省普查工作中发挥了引领作用。

3）成立专家咨询委员会，宏观把控定向

为凝聚相关行业力量，推动陕西省污染源普查工作深入开展，经陕西省第二次全国污染源领导小组研究决定，选聘环保、化工、农业、水利、档案等 22 名相关行业专家，组建了陕西省第二次全国污染源普查专家咨询委员会。在清查、入户、核算、数据审核、数据分析、成果总结等工作中，污染源普查咨询委员会专家和行业专家全程指导、献计献策、宏观把控、定向把关，为陕西省污染源普查工作提供了有力的技术支撑和质量保障。

（2）精心编制《普查实施方案》

陕西省《普查实施方案》的编制，在实现了与国家污染源普查方案有效对接的基础上，统筹考虑陕西省的环境现状，密切结合实际，重点突出，科学合理，具有明显的陕西特色。

一是紧扣陕西省污染源分布特点。陕西省关中、陕北地区能源化工行业和陕南地区有色金属行业的分布特点，导致全省污染源分布呈现相应的区域化分布特征；作为果业大省，水果套袋造成的污染问题也非常突出。《普查实施方案》结合全省污染现状，在按照国家要求全面开展普查工作的基础上，突出重点，真正实现了《第二次全国污染源普查方案》在陕西省的因地制宜。二是解析了各阶段工作要点。针对普查准备、全面调查、成果总结与发布 3 个阶段，细化了各阶段的具体工作任务，提出了具体指导意见。三是制定了保障措施。《普查实施方案》提出的"加强组织领导""落实工作经费""严格质量管理"和"加大宣传力度"等保障措施，为陕西省污染源普查工作开展中的协调配合、经费保障、媒体宣传和数据质量提出严格要求的同时，也为确保普查工作按时保质顺利完成提供了保障。四是进一步落实了部门责任。《普查实施方案》详细列出了省污染源普查领导小组成员单位职责分工，明确了普查任务，夯实了工作职责，为陕西省污染源普查的全方位推进、高质量完成打下了坚实基础。

（3）建立健全普查工作制度

陕西省普查工作启动之初，建立健全了包括管理、业务、档案、宣传等覆盖普查全过程的制度体系，形成了用制度管人、管事、管普查的常态。创建了职责分工、双向联络、工期倒排、通报以及档案管理等 20 余项制度并汇编成册，为普查工作的顺利推进发挥了很好的保障作用。特别是双向联络和工期倒排等制度的实施，收到了良好的效果。双向联络制度规定陕西省普查办工作人员按组别专人对接部普查办，同时每人对接 1 个地市和 2 个领导小组成员单位，各成员单位和各地市固定 1 名联络员，该项制度保证了信息及时上传下达，确保全省普查工作步调统一。工期倒排制度将普查工作按照"一月一节点"进行倒排，陕西省普查办各组明确任务，夯实责任，保证了全省普查工作忙而不乱、有序推进。

各市、县结合实际建立了责任管理、对接联络、督导检查等工作制度，保证了全省普查工作忙而不乱、有序推进。延安市延长县、吴起县建立了普查工作联席会议制度，适时通报普查进展，研究解决普查中遇到的问题和省市督察、核查反馈问题，提高工作质量和效率。

（4）开展试点，积累经验

综合考虑陕西省经济特点、环境现状和地区代表性等因素，经领导小组研究决定，在做好国家级试点铜川市普查工作的基础上，选择靖边县、彬州市、旬阳县、西咸新区作为省级试点，以"1+4"模式全面推进试点内容。各试点市、县成立了试点工作领导小组，制定了试点工作方案，有序开展名录库清查核查、清查网报系统测试、入户调查报表试填、普查小区划分工具试用、互联网填报和专网审核测试、污染物核算模块测试等方面的先行先试工作。试点工作全面验证并完善污染源普查技术规定与报表制度、质量管理体系、数据处理系统，为全省污染源普查工作积累可复制、可借鉴的经验和做法。

11.1.2　清查建库质量管理

（1）全面筛查名录，确保不重不漏

在清查建库工作中，陕西省坚持全面覆盖、应查尽查、不重不漏的原则，在国家下发陕西省名录库的基础上，陕西省普查办积极会同工商部门将 2017 年 4—12 月的新增企业重新统计整理并对其进行清洗，再将增补后的陕西省名录库及时下发，要求各地市组织区县开展清查名录摸底工作，同时收集整理环保、工商、税务等部门的相关统计资料，进一步增录补缺，确定属地清查对象名录库。

（2）严格"两员"选聘，优化普查队伍

"两员"是普查工作的落脚点，其高质量的选聘直接关系到普查工作能否高质量完成。陕西省及时转发国家关于"两员"选聘的文件，并制定了《陕西省第二次全国污染源普查普查员和普查指导员选聘与管理规定》，要求各市、县普查办组织对其聘用的"两员"进行培训考试，并将"两员"信息和试卷上报陕西省普查办备案审核后发证。全省各市、县普查办共选聘了 2 101 名普查指导员，6 998 名普查员，其他工作人员 1 462 名。入户调查期间，针对部分市、县存在聘用脱节的现象，组织各市、县对"两员"队伍进行了重新选聘，优化了队伍，选聘的"两员"能够满足同期工作需要。通过建立业务学习、情况报告、目标管理、证件使用、考核奖惩等制度规定，加强管理，稳定队伍，确保能高质量、高效率完成普查任务。

（3）开展多样化培训，夯实理论基础

为确保清查培训质量，陕西省主要采取全员内训、集中培训和市、县轮训的方式，聚焦重点、难点、易错点，对普查技术规定进行全面剖析、解读，提升了技术人员水平，为清查工作高质量开展提供坚实保障。

1）组织省普查办内训

陕西省坚持在做好普查工作的同时着力打造一支专业基础强、知识储备丰富的普查队伍。在每次国家技术培训之后，陕西省普查办均会第一时间组织全员内训，加强技术骨干对培训内容的理解，同时制作培训课件，使培训内容更加贴近陕西省实际。清查阶段，陕西省普查办有 10 个人在不同级别场合公开讲课、答疑。

2）组织全省集中培训

2018 年 2 月 7 日组织了全省清查技术规定培训会，全国首家开始技术培训。同时组织了第二次全国污染源普查试点启动仪式，将培训指导与工作部署结合起来，对 12 个地市级和 5 个试点市、县的环保局局长、普查办主任、技术骨干近 100 人进行了集中培训。4 月 27 日，举办了全省普查工作推进暨清查技术培训会，对省农业厅、水利厅及各市、县技术骨干 400 余人进行了培训。

3）组织市、县轮训

清查阶段，陕西省普查办技术组先后赴铜川、宝鸡、汉中等十几个市、县开展下沉式培训与指导，对各地市集中进行有针对性地一对一培训，切实解决清查关键时期的实际问题，培训对象包括各市、县普查办工作人员、第三方机构人员及普查员、普查指导员，培训人数达 1 000 余人次。

（4）深入细致排查，确定普查名录

对国家下发的陕西省清查名录进行增录补缺后，陕西省普查办及时下发各地市，各地市进一步分解到区县，要求对清查名录库企业逐一进行现场核实，对其中建议不纳入普查的污染源需注明理由，留下佐证；对建议纳入普查的污染源逐个采集地理信息坐标，对填报的清查表的每一个项目、指标和代码，通过填表单位、普查员、普查指导员、县级普查办逐级审核把关，做到"普查对象全、基本信息真、清查数据准、清查结果实"。另外，陕西省在国家下发清查表的基础上，补充了工业企业在能耗、废水、废气治理及排放情况方面的 5 张清查表，提前摸清家底，同时也为后期对关闭企业核算提供了数据基础，避免重复入户的工作，极大地提高了数据质量与工作效率。

（5）分级组织核查，保障数据质量

为了保证清查质量，陕西省采取县级自查、市级核查、省级核查以及"回头望"督查等一系列分级核查的方式开展质量核查工作。陕西省普查办制定了质量核查技术方案和工作方案，明确了核查范围、要求及重点，全程指导省、市、县三级进行清查质量核查工作。2018 年 5 月底全省 128 个区县完成县级自查；6 月上旬完成市级质量核查；6 月中旬至 7 月底，陕西省普查办联合省环保志愿者联合会、西安高校及农业厅、水利厅、市/县普查办抽调 240 余人，先后两次对全省所有地市前期准备、清查各阶段工作进行了全面、深入、细致的质量核查和交叉检查。同时，陕西省普查办对省级核查中问题突出的区县采取"回头望"督查，进一步督促清查工作整改到位，从根本上保证清查质量，为入户调查打好扎实的基础。

（6）持续督查督办，推进工作落实

陕西省普查办把督导检查作为抓好工作落实的重要环节，采取多种形式开展市、县督办工作，有效推动了陕西省清查工作顺利开展，保证了清查工作质量。

1）加强巡回督查

陕西省普查办先后对安康、商洛、西安、宝鸡、咸阳、延安、汉中、榆林等地的 40 多个区县开展清查工作情况进行巡回检查，并对存在的问题进行"回头看"，抓好跟踪整改。2018 年 5 月，检查中发现个别地市、部分区县前期准备及清查工作存在诸多问题，省生态环境厅副厅长、省普查办主任立即召集该地市普查办全体工作人员及各区县普查办主任，通报各区县存在的具体问题，提出整改要求，有力地推动了该市普查工作，同时也引起了全省其他地区的高度重视，起到了积极的作用。

2）实施蹲点督导

针对有的市、县对清查对象界定不清、清查表填写不准确等问题，陕西省普查办及时派出技术人员进行技术指导。西咸新区环保局成立较晚，技术力量薄弱，作为省级试点地区，陕西省普查办及时委派技术骨干蹲点指导，采取现场集中培训、白天分组入户清查、晚上汇总情况的模式，组织、督导新区开展清查工作，提高了效率和质量。

3）督促农业部门推动工作

针对农业源普查进度慢的问题，陕西省普查办与省农业厅召开普查工作推进座谈会，强调了国家与陕西省相关要求，指出了基层农业部门在普查工作中存在的问题，对下一步工作提出了具体要求。会后省农业厅厅长亲自部署，安排10个督导组分赴全省各市开展农业污染源普查的推进工作，补齐了规模化畜禽养殖场清查进度慢的短板。

4）实行日调度制度

省生态环境厅主要领导加入陕西普查工作微信群随时了解全省动态，并实时对全省的进度及普查质量提出督促意见。自2018年6月1日起，省普查办对市级清查核查和省级质量核查工作情况实行一日一调度一通报。每日下午各市上报调度情况，晚上由省生态环境厅副厅长、省普查办主任在陕西普查工作微信群通报，逐市逐县点评，发现问题直接责令市局、县局普查办主任第二天整改落实。

5）逐级督导检查

各市县也将工作重心转移到街镇、乡村，两级普查办相继组建多个督导组检查指导清查工作。铜川市先后对各区县开展了四轮普查督查和质量核查工作，确保了清查质量。咸阳市普查办领导带领技术人员按照分片集中、以审代培、相互学习的思路对辖区各区县普查清查工作进行集中会审、解疑释惑，确保了全市清查按时保质地开展。商洛市生态环境局召开督查核查问题交办推进会，市生态环境局局长与各区县分局局长签订交办清单，明确整改要求。

（7）聚焦审核评估，促进质量提升

1）清查数据审核

陕西省采取逐级审核、部门联审、集中会审等形式，加强清查数据审核工作。陕西省普查办建立了企业自审、普查员现场审核、普查指导员审核、县级审核、市级审核、省级审核六级审核机制，层层把关。陕西省普查办先后两次组织对各地市清查数据进行集中会审，针对审核中存在的对象不清楚、数量不完整、报表不规范等问题，进行了查漏补缺和整改完善，确保清查对象不重不漏，保证了清查建库的质量。

2）清查数据质量评估

陕西省普查办委托中国环境科学研究院对全省普查清查数据进行了审核评估，评估结果显示陕西省清查结果客观真实。同时，陕西省普查办组织省农业农村厅、省交通厅、省辐射站、省污染源普查专家咨询委员会专家、各地市普查办业务负责人对评估报告进行研究讨论，指导各地市结合评估结果，查漏补缺，补充完善普查对象。

（8）规范清查资料，体现清查成果

为规范普查清查工作资料，确保全省标准统一，陕西省普查办在咸阳市泾阳县召开全省第二次全国污染源普查现场会，会议上明确了"市级两册"及"区县四册"的成册要求。其中，"市级两册"要求将纳入入户调查对象汇总表及不纳入入户调查对象汇总表分别装订成册，每册按污染源类别整理装订；"区县四册"要求将纳入入户普查对象汇总表、不纳入入户普查对象汇总表、不纳入入户普查对象佐证资料和纳入入户调查对象清查表等分别整理成册。成册标准加强了陕西省清查档案文件管理，体现了清查阶段的成果。

11.1.3 全面入户质量管理

（1）深化入户培训效果

入户调查是污染源普查的关键和攻坚阶段，具有环节多、指标细、专业性强、技术要求高、工作量大等特点。做好这项工作关键在人，特别是普查员、普查指导员的工作能力、业务水平的高低直接影响着普查质量，关系到普查工作的成败。陕西省普查办注重从培训实效入手，做到培训前有备课、有试讲，培训后有总结、有提高。通过培训，使普查一线工作人员熟悉掌握普查技术路线，准确把握入户调查重点，正确理解每个指标的含义，为入户调查打下坚实基础。

1）试点试填，摸索经验

在第二次全国污染源普查技术培训班后，陕西省普查办立即派出 3 组技术骨干，分赴全省试点地区，选择水泥制造、火电厂、石化、煤化工、有色金属等典型行业企业，通过查找资料、指标填写等对普查表进行试填，总结归纳入户调查过程中要注意的事项和工作流程，为后期省级培训提供案例分析资料。

在试填报过程中，陕西省普查办技术人员梳理出入户调查普查对象须提供的资料清单，包括企业营业执照、厂区平面图、生产工艺流程图、2017 年度企业年报、主要原辅材料名称及用量清单等共计 35 项，作为后期普查员入户调查收集佐证资料的指南。

试填工作结束后，陕西省普查办技术组全体人员对普查报表指标逐一讨论，并结合试填案例，深入研究各行业工艺特点，形成全省普查报表范本，为技术培训提供全面系统、丰富实用的培训教材。

2）培训师资，培养骨干

在总结清查阶段的培训工作经验的基础上，陕西省普查办决定在入户调查阶段采取"一竿子插到底"的培训方式，直接培训到普查员、普查指导员和重点企业，将工作重心前移，提高普查表填报水平。

2018 年 9 月 2 日，陕西省普查办在西安举办污染源普查技术培训班，拉开了陕西省入户调查培训的序幕。各地市普查办负责人、技术负责人、师资骨干、普查员及重点企业负责普查表填报的人员共 400 余人参加了培训。陕西省级师资培训为期 3 天，培训期间由陕西省普查办技术人员解读《第二次全国污染源普查报表制度》和《第二次全国污染源普查技术规定》，全面系统地介绍工业源、生活源、移动源、集中式污染治理设施等污染源报表制度与技术规定，结合水泥制造、火电、有色金属、煤化及石化等重点行业企业实际案例，详细解读资料获取、报表选择和数据填报流程，明确数据填报要求、数据审核以及入户调查方法，为市、县开展入户调查提供具体技术指导和师资培训。培训结束后采取现场测试的形式检验培训效果；同时，为进一步夯实培训成效，随机抽取现场参试人员上台讲解试题，对出现的错误或遗漏，由陕西省普查办技术人员进行解释和补充说明。

3）市、县轮训，全员覆盖

为防止培训质量"缩水"，陕西省采取"一竿子插到底"的方式进行入户调查培训工作。陕西省普查办组织开展了为期 20 天的省级集中培训、市/县轮训，市/县普查办开展了企业专场培训。省、市、县各级普查办采取视频授课、要点解析、案例分析、模拟填报、问卷测试等形式扎实开展了技术培训。入户调查阶段全省总共培训 98 期，其中企业专场 36 期，培训总人数达 1.2 万人次，全省企业培训率达到 14%。

（2）完善质量保障措施

完善的措施是保障普查质量工作的重要手段，陕西省通过出台质控方案、制作样表、调度督办、挂图作战、信息化平台建设等多种方式，保障了普查工作高质量、高效率地开展。

1）出台质控方案。陕西省普查办编制印发了《陕西省入户调查数据质量控制方案》，明确了数据采集审核及录入、污染物核算、数据汇总、数据质量评估及数据归档等各个环节的质控要求，为各市、县实施入户调查全过程质量管控确立了基本原则。

2）制作入户调查填报样表。入户调查初期，为规范陕西省普查报表填报，陕西省普查办技术组选择典型行业、企业，经过多次实地调研和专家咨询，制作了陕西省第二次全国污染源普查报表样表册，包括工业源、集中式污染治理设施、农业源（含综合表）、生活源、移动源五大类源的 24 套填报模板。其中工业源行业类型涉及 09-有色金属矿采选业，13-农副食品加工业，15-酒、饮料和精制茶制造业，25-石油、煤炭及其他燃料加工，27-医药制造业，29-橡胶和塑料制品业，30-非金属矿物制品业，32-有色金属冶炼和压延加工业，44-电力、热力生产和供应业。普查报表样表册为全面入户提供了技术指南，规范了填报标准，提高了填报效率，提升了数据质量。

3）强化日调度日通报。全面入户阶段，陕西省生态环境厅分管副厅长在陕西省普查工作微信群对陕西省普查工作进行了连续 82 天的日调度日通报，肯定成绩、指出问题、提出整改要求。2019 年 7—8 月，陕西省普查办对核算数据审核整改情况实行双日调度，发现问题立行立改，问题清单日清日结。"日调度日通报"制度的实施，使陕西省污染源普查入户调查工作形成了一种勠力同心、砥砺拼搏、你追我赶的良好氛围，有力激发了普查人员的热情和干劲，有效确保了普查工作的进度和质量，各级普查机构工作人员、普查员和普查指导员主动放弃节假日，不分上下班，夜以继日地投入到入户调查工作中。

4）实行挂图作战。在入户调查和产排污量核算阶段，陕西省普查办制作了入户调查报表填报进度一览表、审核和核算进展一览表等，按日推进普查工作的"施工图"，每日填写全省各类污染源普查表填报进度和解决的实际问题，实行挂图作战，督促各地市落实普查责任，切实把压力传导到基层一线，陕西省在全国范围内领先完成入户调查、产排污核算阶段性任务。

5）加强信息化平台建设。本次普查具有信息化强的特点，为保障数据采集和后期在线核算工作的顺利开展，陕西省普查办建设了独立的信息化平台，购置了 7 台 4 核物理服务器，储存空间达到了 20T，保证了数据处理独立空间和容量。成员单位测绘局派专家入驻陕西省普查办现场办公，专门负责软件系统、空间定位系统技术指导，确保网络畅通稳定。平台建设方面陕西省普查办从设备配置到技术力量都做了充分的储备，保证了系统稳定和运行顺畅，保障了在入户调查和核算阶段海量数据的正常处理和顺利传输，有效避免了数据丢失。同时，陕西省普查办为全省普查机构统一配置了 7 000 台手持移动终端（PDA），确保了"两员"在入户时使用的数据填报终端的规范性，保障了空间信息采集的一致性，极大地保障了数据的准确。

（3）加强质量核查力度

为切实提高陕西省普查报表填报及数据核算质量，全面入户阶段，陕西省普查办四次组织质量核查和交叉检查。

入户调查填表结束后，陕西省普查办于 2018 年 11 月至 2019 年 1 月，组织技术骨干先后两次对 13 个地市五类源报表填报情况、佐证资料整理情况等进行了 17 天的省级质量核查；联合农业部门抽调各地市 100 余名技术骨干对全省入户调查报表填报质量进行为期 7 天的入户调查交叉检查。质量核查过程中陕西省将案头工作与现场工作并重，关注报表填报的准确性、佐证资料的完整性，同时对辖区内重点企业有选择性地进行现场复核，全面提升普查报表质量。

数据核算阶段，陕西省普查办于 2019 年 8 月组织技术力量对全省所有地市进行为期 10 天的质量核查。对各地市数据采集、数据审核和质量核查工作，停产、关闭、其他企业核实工作，名录库比对及各类污染源普查报表的填报情况进行核查，对普查数据填报的真实性、准确性和全面性进行评价。

（4）强化数据审核手段

陕西省采取人工审核与软件审核相结合、重点审核与全面审核相结合、微观审核与宏观审核相结合的审核思路，强化数据审核。

1）强化逐级自审。核算工作中，全省各级普查机构对普查数据开展同步审核，逐级自查自审，形成了"区县夯实基础、市级跟踪指导、省级全面把控"的审核体系。县级机构主要是守好"点"，做好普查数据现场复核，核实各类普查报表填报的真实性、准确性和全面性；市级机构主要是把好"线"，通过交叉互审、抽样复核、部门联审、对口帮扶等形式，把好质量关口，并收集相关问题反馈给陕西省普查办；省级普查办主要是控好"面"，从宏观层面考虑区域、行业总体数据的合理性，结合地方统计年鉴、住建年鉴、环统数据、环境年报等资料，通过异常数据倒推分析，查出问题数据，找出问题区域，追溯问题企业，形成问题列表，反馈市、县进行逐一复核整改。

2）进行分类指导。在清查建库、入户调查和产排污核算的各个阶段，陕西省普查办技术人员均采取"定人定行业专向对接、定人定地市对口联络、定人定污染源分类指导"的方式进行技术指导。入户调查填报阶段，陕西省普查办深入大、中、小型不同规模的煤化、石化、水泥、有色冶炼、制茶等十多个行业企业进行全流程的现场填报演练；产排污核算的关键阶段，对核算任务重的地市进行现场帮扶指导，强化全省质量控制，陕西省普查办每个技术人员对接 2～4 类重点行业，运用相关行业数据，对污染物产排量进行比对校核，确保产排污量核算的科学性和合理性。同时对重点企业进行抽查，检查报表各项指标填报情况、核算环节有无遗漏。

3）行业对接联审。组织各地市有针对性地编制行业审核细则，将全省有同类重点行业企业的市、县进行对接，重点审核同行业报表的原辅材料、工艺流程、产污环节及治理设施填报的统一性、佐证资料的全面性等，为进一步提升入户调查质量提供依据。

4）开发审核软件。陕西省普查办自主开发了单机版审核软件，后又同其他省合作深度开发，使审核软件的审核规则达到 1 900 条，提高了审核质量和效率。同时，陕西省普查办安排专人在各类平台随时解答问题，先后答疑 2 万余条，集中下发答疑文档 10 次，共计 1 100 余条，赴各地市现场答疑 21 场次。

5）强化集中会审。在普查各个阶段，陕西省均采取集中培训审核、县级自审、市级复审、省级终审的模式加强数据质量。全面入户阶段陕西省总共组织了 4 次集中审核，累计 36 天，在会审过程中发现问题，普查员到企业现场核实，保证了全省 G106-1 表应填尽填。会审期间以专网审核为突破口，以系统"集中会审"模块问题列表为基础，共解决数据问题近万条。同时，陕西省普查办协助农业农村部门完成农业源审核，协助省辐射站完成伴生矿问题整改。

6）强化数据分析。在加强汇总数据的准确性、完整性、一致性、合理性审核分析方面，陕西省多措并举。准确性方面，采取"定人定行业定污染物"的方式，1 名技术骨干负责 2～4 类重点行业和 1 种污染物的统计分析，发现问题第一时间反馈市、县核实修正；一致性方面，开展系统数据与纸表数据的一致性审核、填报信息与统计资料、原始凭证等台账资料的一致性审核，保证各项基础数据真实可靠；完整性方面，盯紧各类源产排污环节，重点对工业源废水、废气排放的产排环节进行审核，保证核算数据的完整性；合理性方面，邀请有关专家对基础数据及产排污量进行分析研讨，检查区域、行业总量数据，行业产能和污染物排放占比等的合理性，针对异常数据提出指导性整改意见，保证普查数据真实可靠。

7）开展数据质量评估。邀请中国环境科学研究院对陕西省清查、入户调查、整体情况等各阶段工作进行质量评估，同时省级完成了对市级的质量评估，每个阶段结束后对数据进行了及时纠偏，保障了普查各阶段的数据质量。评估结果显示，陕西省普查数据真实客观、普查质量优秀，普查结果同陕西省区域经济社会发展水平、产业结构和环境质量现状基本吻合。

8）及时召开专家研讨会。入户调查接近尾声时，2018 年 10 月底提前请专家"把脉"，组织专家咨询委员会专家及行业专家，围绕重点企业普查数据进行了审核与评估，明确了重点行业关键指标的合理区间，相当于在入户调查后期就开始了质量审核。VOCs 调查是本次普查的一大特点，首次被纳入实验性的系统调查，陕西省普查办特召开了涉及挥发性有机物行业的座谈会，会议邀请省污染源普查咨询委员会专家，印刷、家具、汽车工业、石化、涂装 5 个行业协会以及焦化、冶炼、制药、电力、油漆等 12 个涉及挥发性有机化合物行业企业专家进行座谈，了解相关行业含挥发性有机物的原辅材料使用情况及 VOCs 排放的工艺环节；掌握 VOCs 排放量基本情况，为比对各工业行业 VOCs 排放量贡献率提供依据；明确全省油性、水性涂料的使用量及 VOCs 排放主体行业的油性、水性涂料比例，从宏观上明确全省相关行业原料使用情况。会后，陕西省普查办技术人员根据座谈情况和专家们的意见建议，分别对接相关行业企业，有针对性地进行审核整改，夯实全省有机原辅材料用量，确保 VOCs 核算数据的科学性、合理性。

（5）开展数据比对分析

陕西省采取名录库比对、部门宏观数据比对等形式，对区域、流域、行业污染源数量、污染物排放总量及结构合理性进行了分析。

1）强化名录库比对

为确保普查对象不重不漏，陕西省先后与第四次全国经济普查名录、排污许可证发布名录、强化监督定点帮扶检查名录、重污染天气应急预案名单、重点排污单位名单等 11 项名录清单进行"全覆盖"比对，形成待核实调查对象清单，并对普查范围内的疑似漏查企业进行现场核实，最终形成名录比对清单。

2）部门宏观数据比对

第二次全国污染源普查是一项重要的国情调查，数据涉及多部门，为此，陕西省普查办对接公安、农业、住建、统计等成员单位，进行宏观比对、分析，相对准确地查找出部分异常数据，基本消除了重点行业及各污染源普查报表中的异常极值问题，有效提高了数据合理性的审核效率。数据汇总阶段，陕西省结合地方统计年鉴、住建年鉴、"一污普"、环统数据、环境年报等资料，逐项比对，从统计口径、统计范围、污染物产排量核算方法、产排污系数等指标全面比对分析普查数据的合理性和准确性。

（6）规范档案管理

普查工作启动后，陕西省建立了省级指导、省—市—县三级同步建设的管理机制，省级档案采取"分建统管"的管理模式，聘请了省档案局专家全程指导，制定了档案管理实施细则和检查验收办法等 9 项管理制度。建设了档案室和档案借阅室，开发了档案管理系统，纸质档案与电子档案同步建设。举办了 3 期全省普查档案管理培训班，培训 1 000 余人；将 2019 年 3 月定为"全省普查档案管理月"，集中建档归档；2019 年 11 月，对地市和区县档案进行了预验收，陕西省普查办档案管理员全程检查指导。目前，省—市—县三级同步完成了纸质和电子档案的建档工作，共建成管理类、污染源类、财务类、音像实物类以及其他类共 2 万余盒普查档案，档案齐全完整、分类科学、组卷合理、排列有序、内容准确。市级对清查资料规范整理了"两册"，县级对清查资料规范整理了"四册"，入户调查资料建立了"一企一档"。

11.1.4　成果总结质量控制

为做好陕西省第二次全国污染源普查数据汇总审核比对、数据分析和工作总结报告编制工作，奠定普查成果开发转化应用的基础，陕西省普查办多方聚力，确保编制质量。

（1）成立编制小组，定人定源定章节

陕西省普查办根据报告内容成立了编制小组，工作总结报告由综合组负责，数据汇总审核比对报告和数据分析报告由技术组负责，定人定源定章节，负责报告的编制与审核。编制人员收集资料，校核数据，加班加点，精心编制，形成初稿后，组织编制小组集中讨论，共同研究，逐章逐节修改完善，确保报告内容全面完整、统计数据真实可靠、分析结论定性准确。

（2）组织编制培训，全面解读重难点

部普查办组织报告编制培训后，陕西省普查办第一时间组织各地市普查骨干进行了报告编制培训，对污染源普查公报、工作总结报告、数据分析报告的编写要求和具体内容，进行了全面解读和详细讲解；

对编制过程中需要注意的有关事项和可能存在的问题进行了交流讨论，要求各市级普查机构认真总结本级第二次全国污染源普查全过程工作，充分汇总分析普查数据，科学分析普查反映的生态环境保护问题，实事求是编写总结报告和分析报告，提出有效可行的对策建议，按时高质量地完成数据汇总审核比对、工作总结报告和数据分析报告的编制工作。

（3）邀请专家把关，全程指导提质量

在报告编制过程中，陕西省普查办先后 3 次召开研讨会，邀请省污染源普查咨询委员会专家针对报告内容的完整性和全面性、引用数据的真实性和可靠性、数据分析的科学性与逻辑性、分析结论的针对性和准确性、对策建议的实用性和指导性进行了广泛的交流探讨，进一步提高了报告编制的质量。

11.2　工作经验总结

（1）精心组织实施，落实主体责任

污染源普查涉及范围广、参与部门多，必须夯实各级各部门的职责，发动"上下左右"，才能保证普查工作落到实处。在阶段性工作启动之际，陕西省先后召开了领导小组扩大会议、两次全省视频会议进行动员部署；阶段性工作结束后，省厅编印《环保快报》呈报省政府领导，省长、主管副省长作出批示，要求各级各部门要强化责任担当、主动作为，加强工作调度、统筹协调和技术指导，高标准高质量抓好普查工作落实。各级领导小组、成员单位分工明确，任务清晰，配合有力。各级政府、环保部门和普查机构切实落实主体职责，动员组织相关部门齐心协力开展普查工作，不折不扣落实各项要求，全力推进普查工作进程，形成了政府主导、部门联动、群众参与、企业支持的良好局面。在普查过程中，陕西省各级普查机构坚持全过程质量控制原则，将质量控制贯穿于普查方案编制、普查试点、普查培训、清查、全面入户、数据核算、汇总分析等普查工作的全过程，及时识别并消除事前、事中、事后影响普查数据质量的各类因素，保证数据质量。

（2）持续调度督办，扎实规范指导

陕西省普查办把督导检查作为抓好工作落实的重要环节，通过巡回检查、蹲点督导、突击抽查、日调度日通报等形式，对全省普查工作实施不间断的检查指导。从清查、入户、核算到核查 4 个阶段，分管副厅长提前谋划、亲力亲为，总共进行了为期 95 天的日调度日通报，每天在陕西省普查工作微信群通报进展情况，肯定成绩，指出问题，提出整改要求，强有力地推动普查各项工作的开展。各级环保部门和普查办主要领导全部加入陕西普查工作微信群，随时了解普查动态，掌握进展情况，反馈落实情况。2018 年以来，常务副主任带队陕西省普查办总共组织 6 次质量核查和市级交叉检查、25 次地市督办、93 次区县检查，陕西省普查办走遍了全省 107 个区县，实现了区县全覆盖，同时督导成员单位工作落实。省农业农村厅主要领导亲自部署，安排 10 个督导组分赴全省各市开展农业污染源普查的推进工作，补上了规模化畜禽养殖场清查进度慢的短板。各市、县也把工作重心放在基层，在普查各个阶段及时组织力量，逐级进行督导检查，推动普查工作的开展。

（3）充分建设建立，切实提高效率

在普查工作开展过程中，陕西省普查办高度重视信息化建设，充分利用各种信息化手段，提高普查工作效率，保障普查数据质量，为今后污染源普查成果更好地应用打下坚实基础。在信息平台建设上，购置了 7 台 4 核物理服务器，进行了三级等保评估，保证了网络环境独立运行、容量足够大，全省统一配置 PDA，保证了数据传输的一致性；在信息化管理上，建立省、市、县应急联动机制，利用网络专家组成普查信息化应急维护队伍，全面保障信息化系统安全，确保各级环保专网稳定、快速、畅通运行；在普查数据审核上，自主开发了单机版审核软件，后又同其他省合作深度开发，增加了审核规则，扩展了审核功能；在普查成果开发应用上，建立健全重点污染源档案、污染源信息数据库和展示平台，制作陕西省污染源图集和展示挂图。

（4）大力发挥优势，抓实技术保障

此次普查技术要求高，工作难度大，必须要有强有力的技术力量支撑，才能保证普查工作高质量、高效率完成。为此，陕西省以陕西省环境科学研究院为主，成立了专项普查办公室，抽调了 22 名懂业务、会管理的业务骨干，专职从事普查工作。这样设置一方面有利于集中管理，另一方面普查办人员中环境相关专业研究生占到 70% 以上，具有明显的技术优势，普查办大多数人都能独当一面，进行一对一、点对点的技术指导。技术培训中，陕西省普查办充分发挥技术优势，采取集中培训、市/县轮训等"一竿子插到底"的方式，使受训人员全面掌握普查相关要求、技术规范等内容，为普查工作的顺利开展奠定了坚实的基础。在清查、入户、核算、数据审核、数据分析、成果开发运用等工作中，及时邀请污染源普查咨询委员会专家和行业专家献计献策、把关定向，提供技术支撑。

（5）深化分析研究，用实普查成果

陕西省普查办提出将普查当研究来做，坚持边普查、边研究、边应用。通过分析研究，对普查数据中存在的问题进行及时纠偏，进一步提升数据质量。普查过程中陕西省普查办及时利用阶段性成果，成立 18 个研究课题，对生活源锅炉、入河排污口、彬长旬地区污染现状、关中地区火电行业、移动源污染、集中式污水厂等全省各类污染源、区域、流域污染现状进行全面分析，编印 6 期《普查与决策》，提出产业结构调整、环境管理等对策建议，邀请专家对研究成果论证把关，确保各项决策建议和管理措施切实可行。目前已被省、市政府和生态环境厅采纳，直接应用于汾渭平原"蓝天保卫战"、陕西"碧水保卫战"及区域产业结构调整等重点工作。

（6）统一建档部署，纪实档案管理

陕西省普查办在开展第二次全国污染源普查工作中，坚持把污染源普查档案建设作为普查的重要基础工作，边普查边建档，边归档边应用，建档思路清晰，管理制度健全，设施设备先进，档案整理规范，探索出一套特色鲜明、富有成效的档案管理工作模式。为了强化经验交流，推动全国普查档案管理工作，生态环境部普查办组织陕西省普查办联合摄制了《陕西省第二次全国污染源普查档案管理工作教学片》，并下发全国供各省（区、市）学习参考，为全国普查档案建设发挥了示范作用。

三年来，陕西省第二次全国污染源普查工作按照国家部署要求科学组织实施，严格质量控制，圆满完成了清查建库、全面普查、成果总结等阶段性任务，无论是在时间进度上还是工作质量上都得到了部普查办的充分认可，整体工作走在了全国前列。

通过普查锻炼了一支技术过硬的人才队伍，建立了一套精准的污染源基础数据库，掌握了一套合理的污染物排放量标准，绘制了一张精确的污染源空间分布图，普查数据结果同陕西省区域经济社会发展水平、产业结构和环境质量现状基本相符，为打好污染防治攻坚战、改善环境质量精准施策、加快推进陕西生态文明建设发展提供了科学依据。

第 4 部分

总结

12　结语

回顾第二次全国污染源普查的质量管理工作，除了与第一次全国污染源普查质量管理工作开展的质量核查、调度、通报督办等相同内容，还有一些特色经验和做法。

12.1　充分"解剖麻雀"，分片区开展质量提升

为提升数据质量，2019 年年初，部普查办抽调 9 名普查专家和 5 名行业专家组成工作组选取江西省南昌市南昌县为试点，围绕普查数据"解剖麻雀"，通过剖析问题、梳理对策、总结经验、强化提升的方式，对江西省普查数据质量开展了提升指导工作，并形成了具备全国推广的质量提升南昌工作经验。为推广南昌工作经验，全国分华南、华北、华东、东北、西部 5 个片区，每个片区选取一个县级行政区，集中普查专家、行业专家、当地各级普查技术骨干和周边省（自治区、直辖市）技术骨干，开展普查入户调查数据汇总评估和面对面帮扶指导工作。质量提升工作累计抽调专家 110 人次，审核普查对象 4 840 个，召开现场反馈会 75 次，形成反馈单 86 份，培训普查骨干 1 330 余人次，实现 32 个省级普查机构全覆盖。全国各地按照要求，纷纷参照普查办的模式，进一步在本省开展了数据审核和指导工作，全面提升数据质量。

12.2　强化信息技术，多手段开展数据审核

在入户调查阶段，普查软件系统开发过程中增加了质量审核模块，将审核规则嵌入普查软件系统中。数据采集任务完成后，普查表将经过普查指导员审核、县级自审、市级和省级普查机构集中审核等程序，并实时将发现的问题反馈给普查员进行整改。从源头上降低了数据采集和填报过程中可能存在的部分指标间逻辑不合理、关联指标不匹配、应填未填等问题的发生，数据质量在上报过程中得到了层层把控。

在汇总审核阶段，组织行业专家、系数专家和地方普查骨干根据普查数据质量情况进一步细化关键指标的审核规则，编辑开发了基于 Access 软件的审核工具，下发至各级普查办。Access 软件审核工具可帮助各级普查机构通过汇总统计，开展行业间、区域间、同行业同区域企业间的数据比对，快速排查异常值，从而更加准确地定位问题企业，并进行整改。此外，各地也可根据需要将软件工具进行功能扩展，自行编程加入需要的审核规则。信息技术在普查中的应用有效实现了各级普查机构对普查数据的高效质量审核和实时进度把控。

12.3　多轮集中审核，分批次督促各级整改

数据审核阶段，部普查办组织行业协会、各技术支持单位、地方技术骨干 100 多人分三轮开展普查数据集中审核，重点围绕污染源名录是否全面，各类调查对象基本信息、活动水平和排放信息是否真实、

准确、全面，区域和行业活动水平指标和排放量汇总数据是否与经济社会发展水平一致等内容开展审核，做到重点区域、重点流域、重点行业污染源信息审核全覆盖。在三轮普查数据审核中，共下发名录库核实、工业源核算缺失、挥发性有机物核算等问题清单 26 批次，开展面对面的集中反馈 2 次，针对挥发性有机物填报问题，专门组织技术指导组赴重点省（自治区、直辖市）开展专项指导，督促各地举一反三、以点带面，有力地促进了普查数据质量的提升。

12.4　加强通报督办，多形式推进工作进度

为有效推进各阶段的普查工作，部普查办开展了多层次多维度的调度、督办工作。一是通过"入户调查完成率""入专网率""审核通过率""核算完成率""自审整改完成率"等调度结果推进各阶段各级普查工作进度，发现存在的问题并采取有效措施。二是针对在普查过程中存在的阶段性问题，及时向有关省（自治区、直辖市）开展督办和通报，通过开展现场督办和印发督办函等方式推进工作进度。三是针对普查工作中普遍存在的共性关键问题进行预警、通报和督办，如在入户调查进展和数据提交入网进展缓慢问题上向部分省（自治区、直辖市）印发了预警通知和督办通知。通过实时调度和多层次的督办工作，对进展较慢、质量较差的省（自治区、直辖市）传导压力，有效地强化了普查工作质量。

可以看出，除了质量管理模式创新（如"解剖麻雀"的南昌经验），信息化技术在第二次全国污染源普查质量管理工作中也发挥了很大的作用。未来随着信息化技术的快速发展，如区块链、边缘计算等智能技术特有的数据留痕特点，恰恰正是普查质量管理工作的基本要求，因此，管理创新结合信息化技术形成的"人工干预+智能判知"模式，将是未来普查质量管理工作的新模式和新方向。

后　记

　　《第二次全国污染源普查成果系列丛书》（以下简称《丛书》）是污染源普查工作成果的具体体现。这一成果是在国务院第二次全国污染源普查领导小组统一领导和部署、地方各级人民政府全力支持下，全国生态环境、农业农村、统计及有关部门普查工作人员和几十万普查员、普查指导员，历经三年多时间，不懈努力、辛勤劳动获得的。及时整理相关材料、全面总结实践经验、编辑出版这些成果资料，使政府有关部门、广大人民群众、科研人员及社会各界了解污染源普查情况、开发利用普查成果，是十分必要且非常有意义的一件大事。

　　在《丛书》编纂指导委员会指导下，《丛书》主要由第二次全国污染源普查工作办公室的同志编纂完成，技术支持单位研究人员和地方普查工作人员参与了部分内容的编写。在编纂过程中，得到了生态环境部领导、相关司局的关心和支持。中国环境出版集团许多同志不辞辛苦，作了大量编辑工作。中图地理信息有限公司参与了《第二次全国污染源普查图集》的制作。在此一并表示由衷的感谢！

　　从第二次全国污染源普查启动至《丛书》出版，历时 4 年多时间，相关数据、资料整理过程中会有不尽如人意之处，希望读者谅解指正。

主编

2021 年 6 月